宇宙大百科

超详细宇宙档案+百余幅全彩大图

赵冬瑶　韩雨江　李宏蕾◎主编

吉林科学技术出版社

阅读指南

随着科学家的不断探索，我们知道了宇宙中并非只有我们的太阳系和银河系，还有那浩瀚无垠的河外星系。人类对宇宙的探索从未停止，越来越多的天文仪器问世，它们变得越来越精准。终于在 20 世纪 50 年代，人类借助宇宙飞船迈进了太空，实现了人类进入太空的梦想。在不久的将来，人类也许可以乘坐宇宙飞船实现太空旅行呢。本书将带你一起领略宇宙的浩瀚与神秘，书中生动有趣的故事将带给你不一样的阅读体验。

主标题

银盘

主文字
解说释义

银盘是在旋涡星系中由恒星、尘埃和气体组成的扁平盘。银盘是银河系的主要组成部分，银河系的大部分可见物质都在银盘的范围之内。银盘以轴对称形式分布于银心周围，它的平均厚度只有2000光年，可见银盘是非常薄的。就像其他旋涡星系一样，银河系的银盘也绽放着蓝色的光芒，那是因为银盘聚集着“年轻”的恒星，而“年轻”的恒星常常呈现淡蓝色。

知识点
与主标题相关的知识引申

观测银盘

由于我们身处银河系之中，因此我们很难认识银盘的结构，比如我们站在一棵大树下，想要得知森林的全貌，是很难的。不过天文学家利用整个电磁波谱进行研究，不同的波段可以展示出不同的模样，他们通过得到的电磁波谱描绘出银盘的全景图。红外观测能够探测到热辐射，可以帮我们透过尘埃观测，而那些来自中子星、黑洞等的奇异的能量则可以通过X射线和Y射线进行观测。

趣味探索
趣味性小知识

发光的“银盘居民”

银盘中存在着大量星云。就像位于天鹅座的蝴蝶星云，它呈红色，这种明艳的颜色来自氢 (qīng) 元素，靠吸收近距离恒星的星光之后发光。

银盘是在旋涡星系中由恒星、尘埃和气体组成的扁平盘。

知识指引
详细指示知识点相应位置

银盘“特殊的邻居”

在银河系可探测的物质中，不得不提的是银盘的“邻居”银晕，银晕“居住”在银盘的外围，银晕中分布着一些由老年恒星组成的球状星团；而银盘的范围比银晕小，物质密度却比银晕高得多，太阳就“居住”在银盘内。

目录
CONTENTS

第一章 银河系

目录

CONTENTS

第二章

太阳系

目录
CONTENTS

第三章 地　球

目录

CONTENTS

第四章 宇宙探索

第一章

银河系

银河系

银河系又被叫作“天河”“星河”等，除太阳系外还包括2000亿～4000亿颗恒星、数以千计的星团，以及各种星际气体和尘埃。银河系拥有一个巨大的盘状结构，由于我们在它的内部，所以只能看见横跨于夜空的白色带状物。银河系的中央是一个超大质量的天体——黑洞，银河系由内向外分别由银心、银核、银盘、银晕和银冕等组成。银河系在慢慢地吞噬周边的矮星系来让自身不断壮大。2020年，天文学家发现银河系的尺寸比之前推测的要大10倍以上。

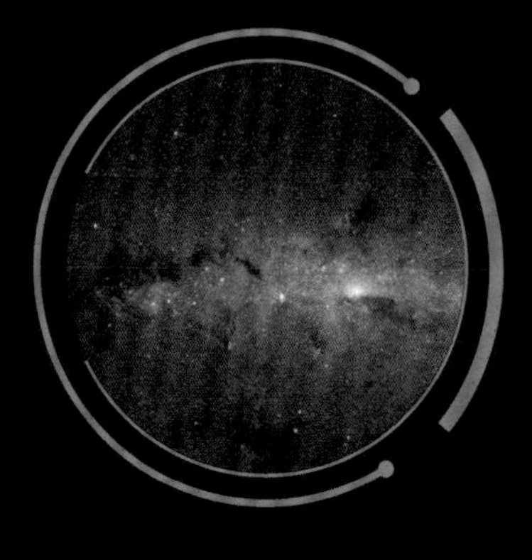

银河系的年龄

欧洲南方天文台的研究认为，银河系的年龄有136亿岁，可能与宇宙的年龄相同。2004年，天文学家发现球状星云NGC 6397中的两颗恒星中有铍元素的存在，这一发现使第一代恒星和第二代恒星交替的时间向前推了2亿～3亿年，因此银河系的年龄将不会低于136亿±8亿岁。

银河探索史

银河系的发现历程漫长。伽利略首次使用望远镜观测银河，发现其主要由众多恒星组成。18 世纪末，赫（hè）歇耳用自制反射望远镜开始恒星计数的观测，揭示银河呈扁盘状。

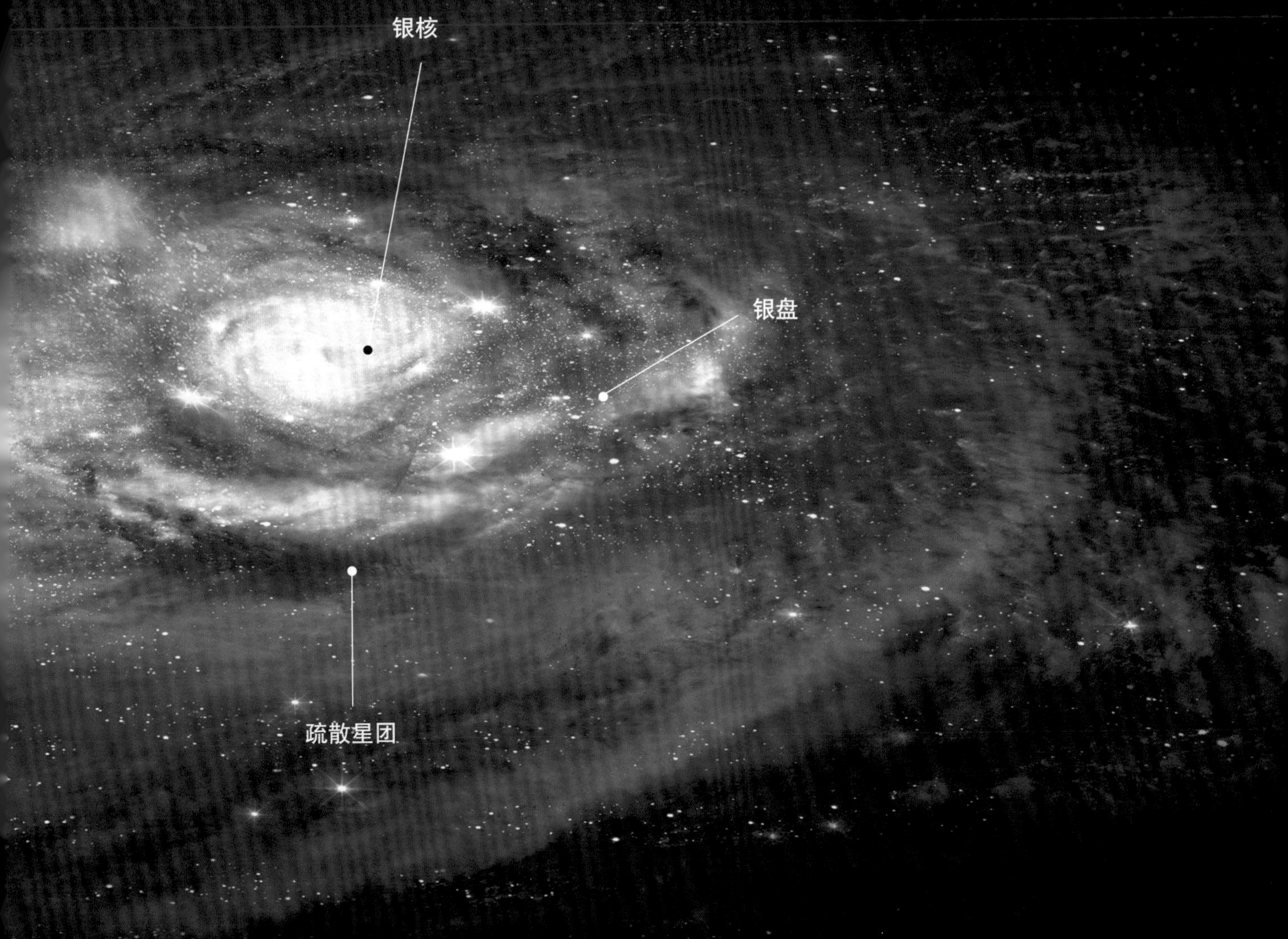

银心

银心是银河系自转轴与银道面的交点，银心区域也就是银河的中心区域。那是主要由极其古老的红色恒星组成的结构，这些恒星的年龄大概都在100亿年以上。银心区域大致呈球形，星系的其他部分都围绕着它旋转。太阳距银心约20千秒差距，银心与太阳之间存在大量的星际尘埃，因此我们在北半球是很难用光学望远镜在可见光波段观测银心的。直到射电和红外观测技术发展出来之后，人们才能够透过星际尘埃，观测到银心的信息。

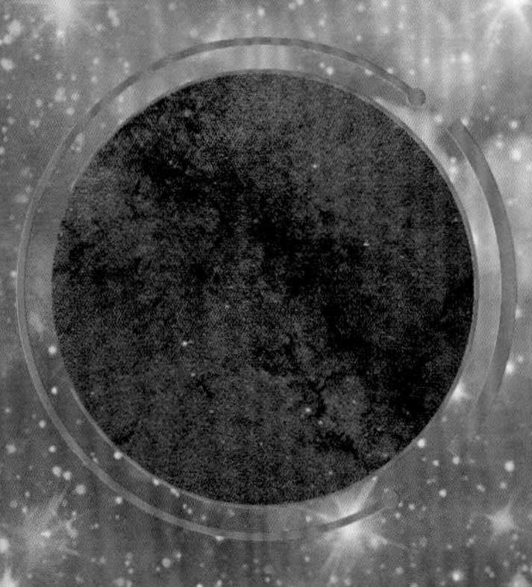

探索银心

天文学家已经在对银心的研究中取得了重大进展。1932年，随着射电天文学的出现，人们首次发现银心的不一样，后来出现的X射线和Y射线又揭示出了银心的更多奥秘。2005年NASA的斯皮策红外望远镜进行了大范围的巡天观测，最终让天文学家更好地了解了银河系。

银盘

银盘是在旋涡星系中由恒星、尘埃和气体组成的扁平盘。银盘是银河系的主要组成部分，银河系的大部分可见物质都在银盘的范围之内。银盘以轴对称形式分布于银心周围，它的平均厚度只有2000光年，可见银盘是非常薄的。就像其他旋涡星系一样，银河系的银盘也绽放着蓝色的光芒，那是因为银盘聚集着“年轻”的恒星，而“年轻”的恒星常常呈现淡蓝色。

观测银盘

由于我们身处银河系之中，因此我们很难认识银盘的结构，比如我们站在一棵大树下，想要得知森林的全貌，是很难的。不过天文学家利用整个电磁波谱进行研究，不同的波段可以展示出不同的模样，他们通过得到的电磁波谱描绘出银盘的全景图。红外观测能够探测到热辐射，可以帮我们透过尘埃观测，而那些来自中子星、黑洞等的奇异的能量则可以通过X射线和Y射线进行观测。

发光的“银盘居民”

银盘中存在着大量星云。就像位于天鹅座的蝴蝶星云，它呈红色，这种明艳的颜色来自氢 (qīng) 元素，靠吸收近距离恒星的星光之后发光。

银盘是在旋涡星系中由恒星、尘埃和气体组成的扁平盘。

银盘“特殊的邻居”

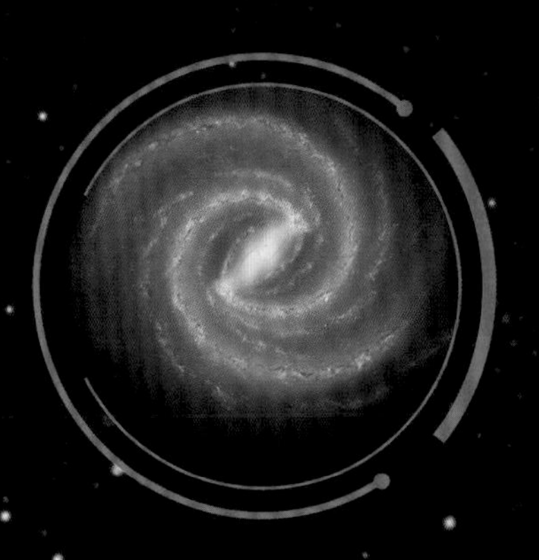

在银河系可探测的物质中，不得不提的是银盘的“邻居”银晕，银晕“居住”在银盘的外围，银晕中分布着一些由老年恒星组成的球状星团；而银盘的范围比银晕小，物质密度却比银晕高得多，太阳就“居住”在银盘内。

银晕、银冕与暗物质

银河系看似一个扁平的圆盘，在这个圆盘中还隐藏着许多东西。银河系外围分布着稀疏的由恒星和星际物质组成的球状区域，它就是银晕。在银晕中恒星密度稀薄，最亮的成员是球状星团。而银冕是银晕之外更暗、质量更大的那一部分，它由不可见的暗物质以及超级热的气体组成，气体的温度可以达到数百万摄氏度。银冕会向外延伸30万光年以上。暗物质是普遍存在于宇宙中的一种看不见的物质，占宇宙总质能的26.8%。

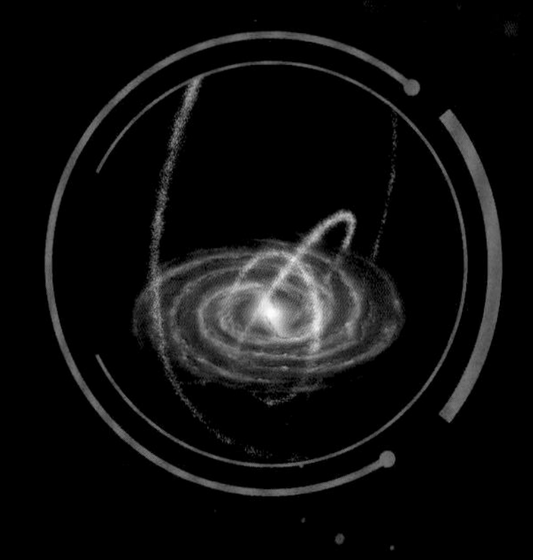

银晕

银晕是银河系主体外围由稀薄的星际物质和某些类型的恒星组成的大范围球状区域，其半径大约有25万光年。银晕中除了晕族天体外，还含有少量的气体。这些气体的成分可能是电离氢，它们主要来自银盘中的超新星爆发。在银晕的内区还存在着银道喷流以及高速云，高速云就是可以在银道面上来回运动的氢云。银道喷流充当着高温电离气体喷口的作用，将直径数万光年的膨胀物质抛入银晕之中，最终冷却下来作为“银道雨”落回银盘。

暗物质

科学家经过观测发现，在银盘外部范围，银河系的自转速度随着半径的增加而变得稳定。然而这种结果却与我们可以观测到的由恒星、气体、尘埃组成的星系盘不相符。天文学家认为宇宙中存在着大量不可见的物质，它们被称为“暗物质”。暗物质时刻影响着星系的自转。暗物质可能是由很少发光或者根本不发光的物质组成，比如黑洞、褐矮星，以及晕族大质量致密天体。一种被大家接受的理论认为暗物质是弱相互作用有质量粒子。

星云

1758年法国天文学家梅西耶在观测彗星时发现一个没有位置变化的云雾状板块，它显然不是彗星，那它是什么呢？当我们仰望星空时，会发现有些地方没有恒星，就像是一个空洞。在19世纪，天文学家爱德华·巴纳德认为，这个是宇宙空间中的巨大气体和尘埃遮住了恒星发出的光，形成了一个空洞的视觉效果。在宇宙空间中我们叫它“星云”。所以说星云是尘埃、氢气、氦（hài）气和其他电离气体聚集的星际云。泛指任何天文上的扩散天体。星云的密度是非常低的，但是体积非常庞大，可达方圆几十光年，它可能要比太阳重得多。星云通常具有多种形态，而且星云和恒星是可以相互转化的，恒星抛出的气体将是星云的一部分，星云物质在引力的作用下会坍（tān）缩成恒星。

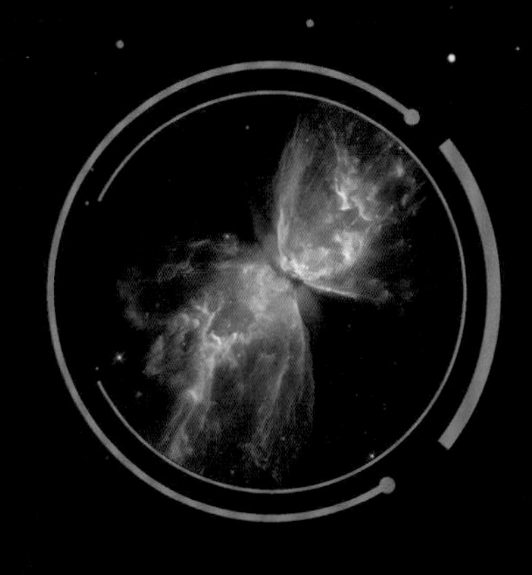

会发光的星云

宇宙空间中不仅有像空洞一样的暗星云，还有会发光的明亮的星云，用地面望远镜和空间望远镜拍摄下来的发光星云，五光十色，十分美丽。

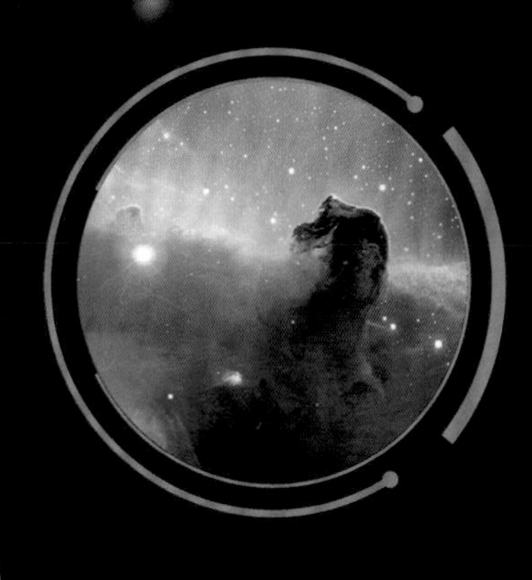

行星状星云

一颗类似太阳的恒星，在它即将衰亡时，它的体积会增大到原来的几十倍甚至几百倍，然后它们将外层的气体一点一点地向四周喷出去，就形成了环绕在它周围的环状星云，也就是“行星状星云”，它也是一种发光星云。

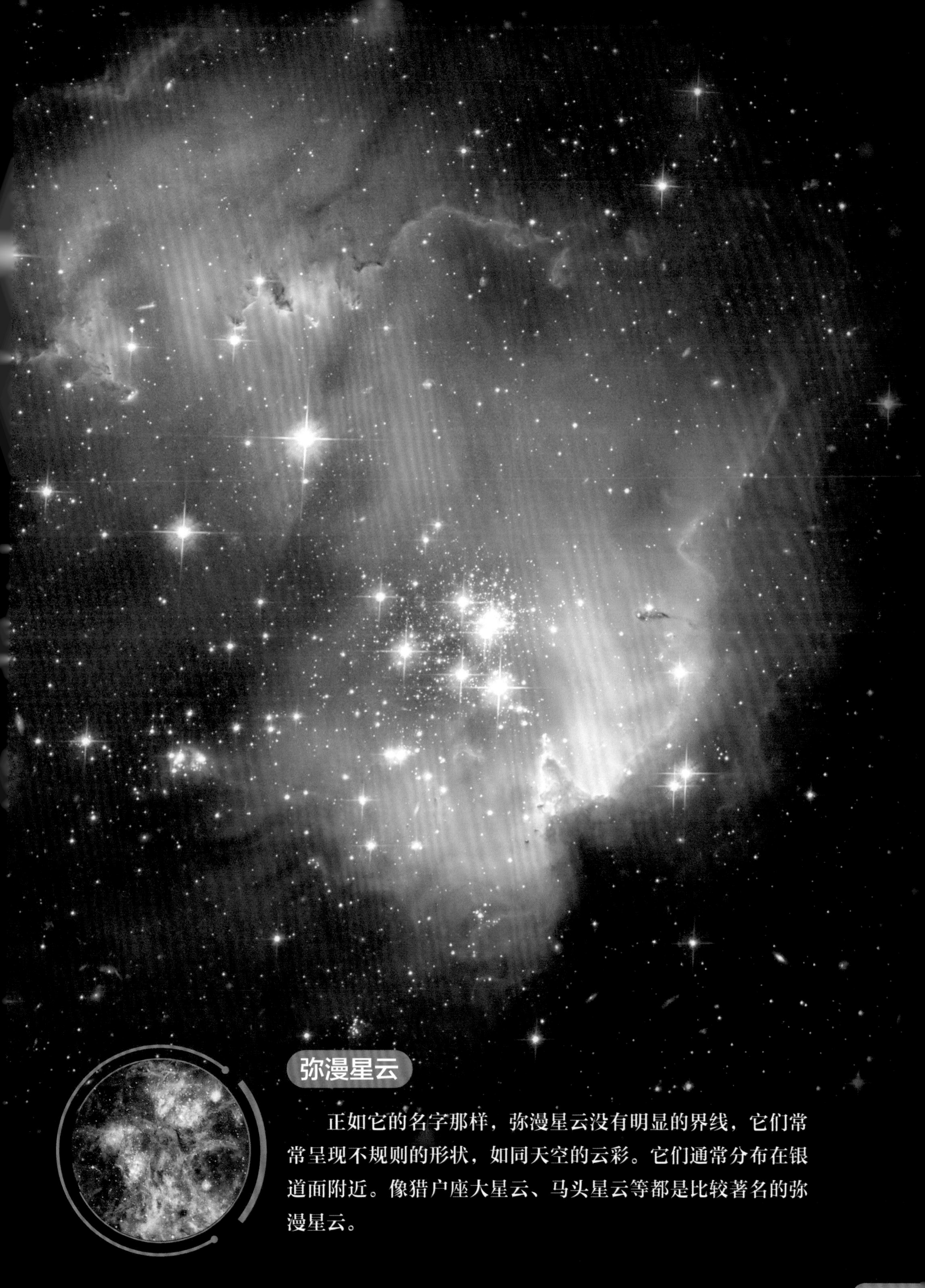

弥漫星云

正如它的名字那样，弥漫星云没有明显的界线，它们常常呈现不规则的形状，如同天空的云彩。它们通常分布在银道面附近。像猎户座大星云、马头星云等都是比较著名的弥漫星云。

球状星团

银河系大部分恒星都分布于银盘与银核之中，其中数亿颗恒星分布在球状星团中。球状星团因为外形似球而得名，直径通常为100～300光年。球状星团主要做弥散运行，星团中的恒星越往中心越密集，它的恒星平均密度比太阳周围的恒星密度约大50倍，而分布于中心附近的则要大1000倍左右。每个星团中包含数百万颗恒星，这些恒星几乎都是银河系中的老者，它们有着同样的演化历程、同样的运动方向和运动速度，约有上百亿年的历史。球状星团在星系中是很常见的，在银河系中已知的大约有150个，可能未被发现的有10～20个。

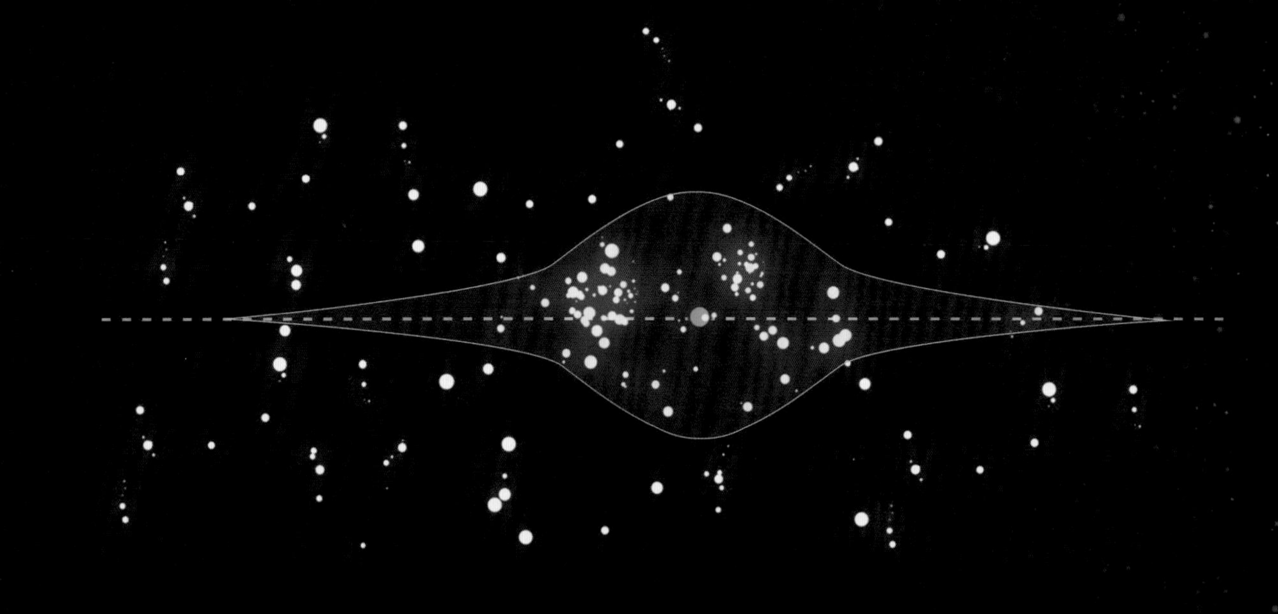

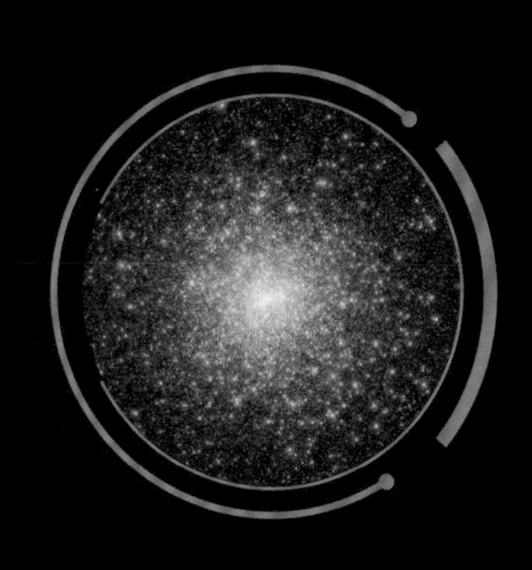

最早发现的球状星团

1665年，德国天文学家伊勒发现第一个球状星团，命名为M22。早期发现的球状星团有半人马座ω、M5、M13、M71、M4、M15、M2。因为早年望远镜的口径都很小，在梅西耶观测M4之前，球状星团之中的恒星都不能被分辨出来。

与宇宙同寿

球状星团是十分古老的恒星集合，由数百万颗低金属含量的“年老”恒星组成，除几个例外，每个球状星团都有明确的年龄。球状星团的年龄几乎就是宇宙年龄的上限，一般认为球状星团是在宇宙诞生后不久产生的天体，宇宙有多老，它们的年龄就可以推算出来。根据推算，最古老的球状星团的年龄约为115亿年。

恒星

恒星是由自身引力维持，靠内部的核聚变而发光，由炽热气体组成的球形或类球形天体。太阳是离我们最近的一颗恒星。恒星间的距离非常遥远，因此恒星的相互碰撞是非常罕见的，天文学上一般用光年来度量恒星间距离。我们可以通过周年视差、力学视差、造父变星等对距离进行测量。在恒星的一生中，它的直径、温度和其他特征，在不同阶段都不同，而恒星周围的环境也会影响其运动。尽管我们在天文学领域取得了显著的进展，但对于宇宙中恒星的确切数量，我们仍未能给出确切的答案。然而，我们坚信，随着未来科技的不断进步和人类对宇宙探索的深化，我们必将逐步揭开宇宙的神秘面纱，并取得更多的突破和进展。

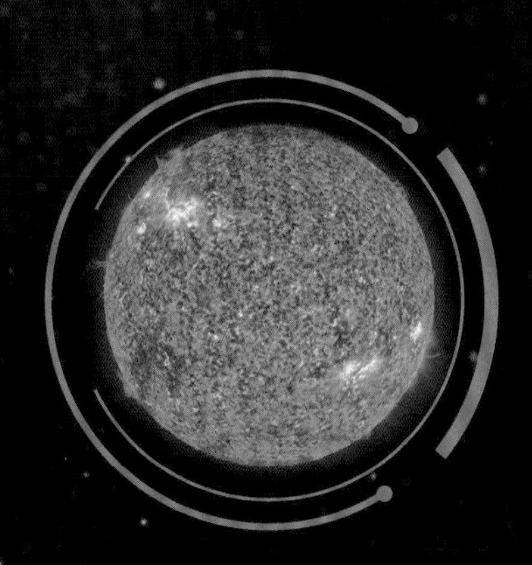

特征

恒星具有的重要特征就是温度和光度等。在20世纪初，丹麦的赫茨（cí）普龙和美国的罗素描绘了赫罗图。这张图可以用来查找恒星光度之间的关系。

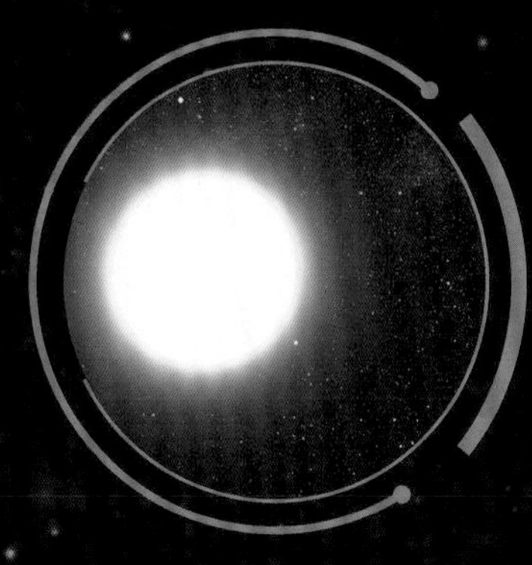

恒星自转

经过观测我们发现恒星不仅进行空间运动，还存在自转现象。天文学家通过细致观察太阳黑子的运动轨迹，揭示了太阳自转的存在。但对于遥远的其他恒星，我们又如何了解其自转情况呢？答案是通过光谱分析。当恒星自转时，它的一半远离观测者，而另一半接近观测者，如此它的谱线轮廓（kuò）将会因自转引起的多普勒位移而被展宽。

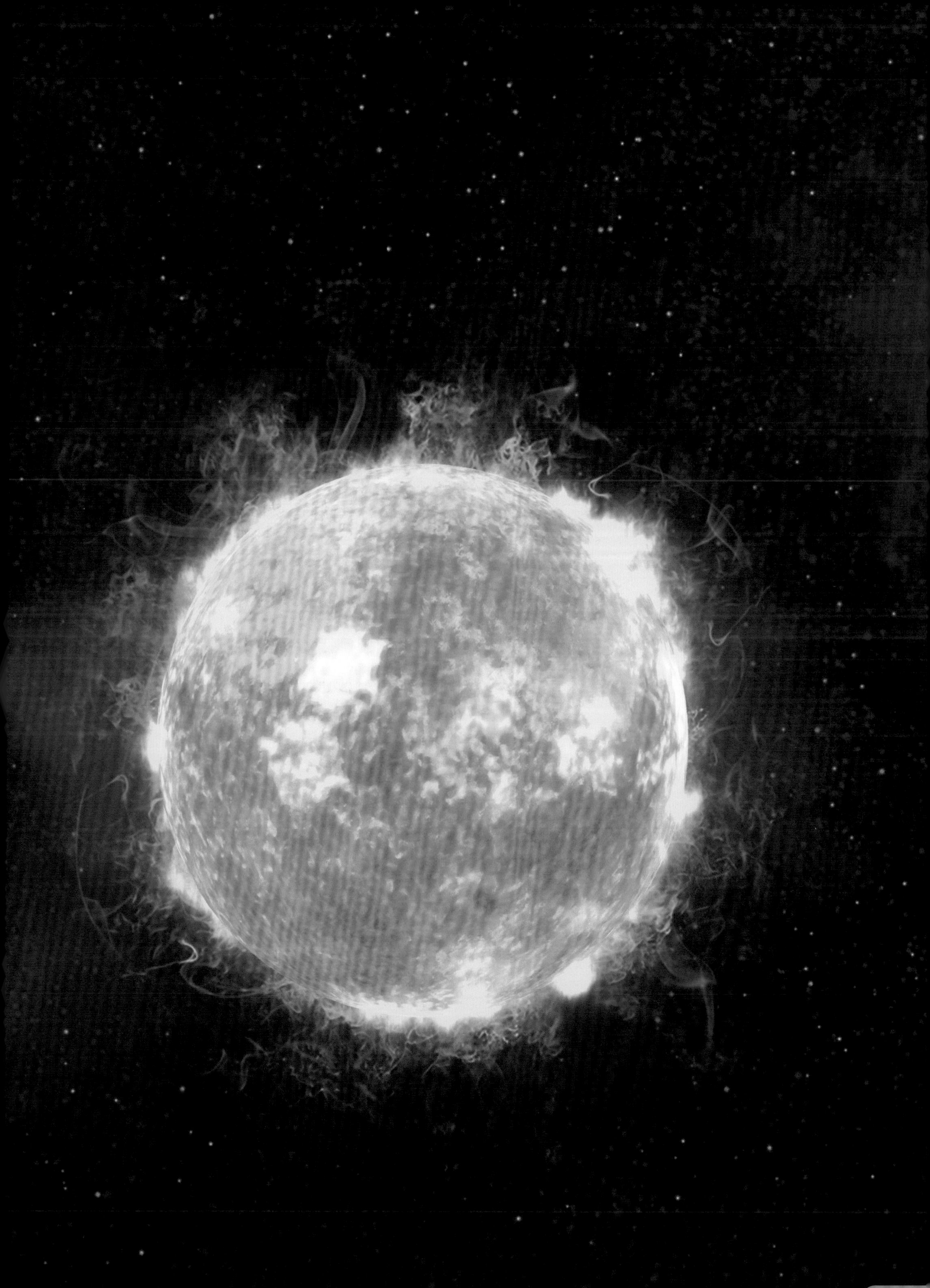

双星与聚星

在宇宙中，不是所有的恒星都是孤立存在的，像太阳这样的恒星还是占少数。有一半以上的恒星都是束缚在双星或者处于更加复杂的聚星系统中。在这样的系统中，各个成员都围绕着一个共同的中心运行。其中双星是我们最为常见的一种方式，它是由两颗绕着共同的中心旋转的恒星组成的。三颗到七颗恒星在引力作用下聚集在一起，这样组成的恒星系统称为聚星。大部分著名的恒星系统都是双星或者聚星，例如半人马α、南河三和天狼星，还有一个极为罕见的六合星系统，那就是北河二。恒星运动的一般规律是彼此互相远离，而像北河二这样如此靠近的实属罕见。

双星

我们在观测星空的时候会发现有些恒星离得很近，那么它们是否存在着某些联系呢？天文学家发现，其中有不少恒星之间存在着力学上的联系，它们相互环绕转动，这样的两颗恒星被称为双星。其中较亮的被称为主星，另一颗较暗的被称为伴星。

聚星

三颗及以上的恒星在引力的作用下聚集在一起，组成了新的恒星系统，叫作聚星。由三颗恒星组成的系统又可称为三合星，四颗恒星组成的系统称为四合星，以此类推。

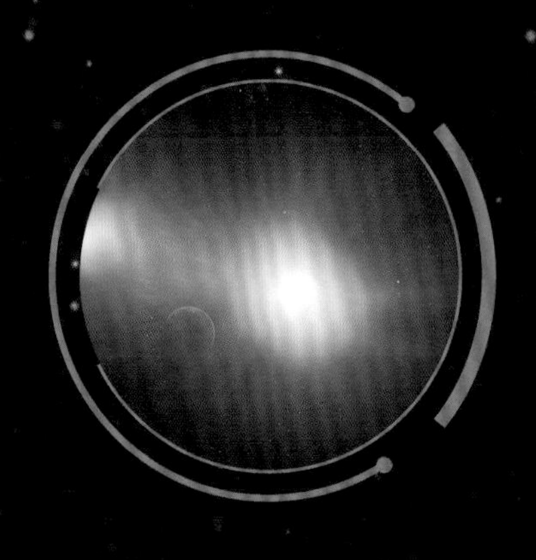

双星与聚星有什么区别

双星和聚星都是彼此靠得很近，并且存在引力作用的恒星系统，它们本质上没有太大的差别，最主要的差别就是数量上的不同，聚星系统是由三颗及以上的恒星组成的，而双星则是只有两颗恒星。

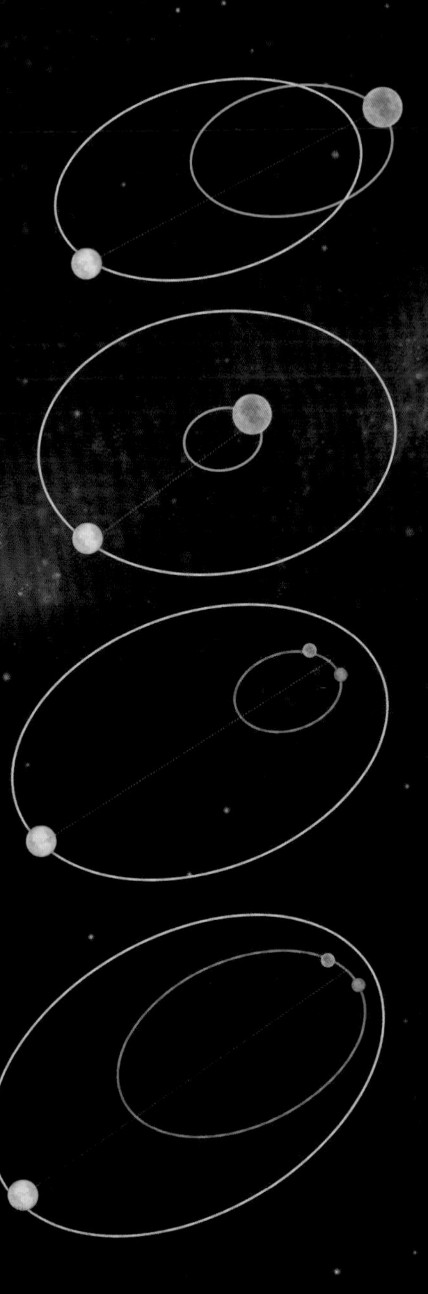

变星

我们抬头仰望星空，看见一闪一闪的星星好像是恒久不变的，但实际上有些恒星属于变星。变星就是指亮度与电磁辐射不稳定的恒星，它们的变化通常伴随着一些其他的物理变化。多数恒星的亮度是固定不变的，就像我们熟知的太阳，而变星的亮度则会发生显著的变化。有些变星不稳定是由外因引起的，这些恒星由于自转或者轨道运动导致亮度变化。此外，还有一些变星是由于内因造成的亮度变化，如造父变星和天琴RR变星。

食变星

食变星又叫“食双星”，是双星系统，两颗恒星的轨道互相绕行，造成双星光度的周期性变化。它们的轨道与我们的视线呈平行状态时，就会有一颗星被另一颗星挡住而发生星光变暗的现象，就像我们所看到的日食那样。

脉动变星

由脉动引起亮度变化的恒星称为脉动变星。根据光变曲线，脉动变星可分为规则的、半规则的和不规则的三种类型。在我们所发现的变星中脉动变星占一半以上，在银河系中存在约200万颗。

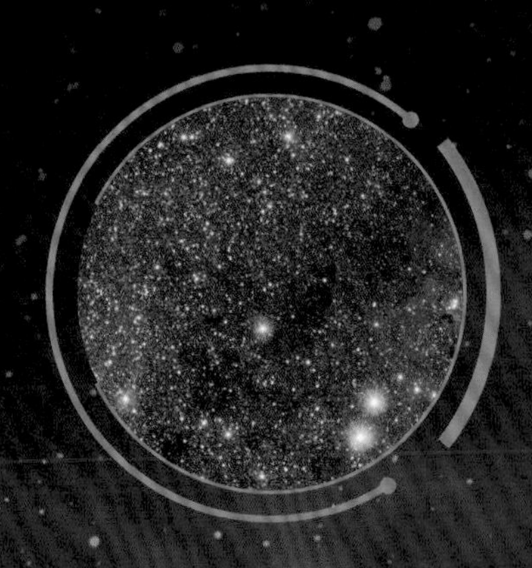

造父变星

造父变星以其原型——仙王座δ而得名，由于我国古代将仙王座δ称作“造父一”，所以天文学家便称它为造父变星。“造父变星”最亮时为3.7星等，最暗时只有4.4星等。

红巨星

恒星的核心区耗尽氢元素时，就会进入红巨星阶段，此时恒星处于“老年期”。红巨星阶段由氦元素构成的恒星内核开始发生核反应，此时恒星仍然能够发光，当氦元素消耗殆尽时，碳元素开始聚变。红巨星是恒星燃烧到后期所经历的一个短暂的阶段，这一阶段的恒星很不稳定。

红巨星与白矮星的区别

白矮星是致密星，致密星与红巨星的区别是它不再燃烧核燃料，从而不能靠核反应产生的热压力来支持自身的引力坍缩。

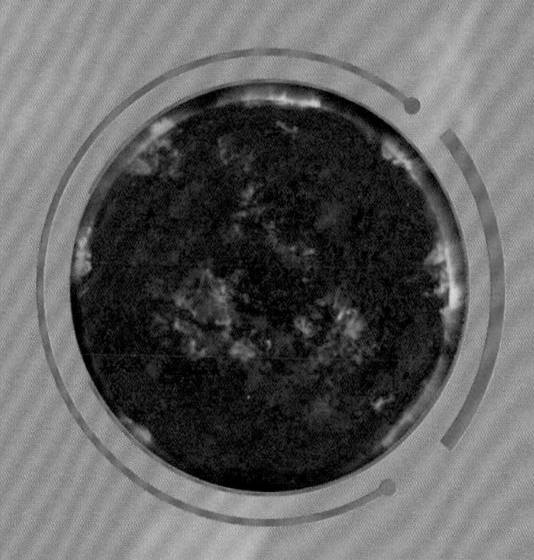

红巨星特征

在赫罗图上，红巨星是巨大的非主序星。就像它的名字一样，它是红色的并且体积很大。例如，金牛座的毕宿五、牧夫座的大角星等都是红巨星。

超新星

爆发规模超过新星的变星就是超新星。某些恒星在生命即将终结的时候会发生灾变性的爆发，爆发时会释放出巨大的能量，瞬间绽放出的光度比一般的星系总的光度还亮。在银河系和许多河外星系中已经观测到了数百颗超新星。但是在历史上，人们用肉眼直接观测到并记录下来的超新星仅有9颗。在我国古代文献中，这9次爆发都有可靠的记录。历史上的9颗超新星，都发生在望远镜发明之前。其中1572年和1604年爆发的超新星分别被丹麦天文学家第谷和德国天文学家开普勒观测到，所以又叫“第谷超新星”和“开普勒超新星”。据天文学家推测，在整个银河系中，每个世纪会产生两颗超新星。

超新星遗迹

在超新星爆发的时候会将其大部分甚至几乎所有物质向外抛散，速度可达1/10光速。这些被抛散的物质在膨胀过程中和星际物质互相作用，构成的壳状结构，被称作超新星遗迹。

超新星辐射能量

超新星爆发时所释放的辐射能量极为巨大，几乎等同于太阳在其整个生命周期内所释放的辐射能量的总和。

中子星

没有什么是永恒不变的，恒星也是在不断变化着的，只不过它变化的周期比较长。中子星就是处于演化后期的恒星。脉冲星是中子星的一种。开始人们发现脉冲星发射的射电脉冲具有周期性规律，人们对此感到疑惑，甚至曾设想这可能是外星人在向我们发电报。最终天文学家证实，脉冲星其实就是正在高速自转的中子星，正是由于它的高速自转才发出了射电脉冲。因为中子星带有强磁场，带电粒子的运动会产生电磁波，从磁场两端射出，中子星不停地旋转，电磁波的发射方向也会相应旋转，所以我们就会观测到它发出的周期性电磁脉冲。

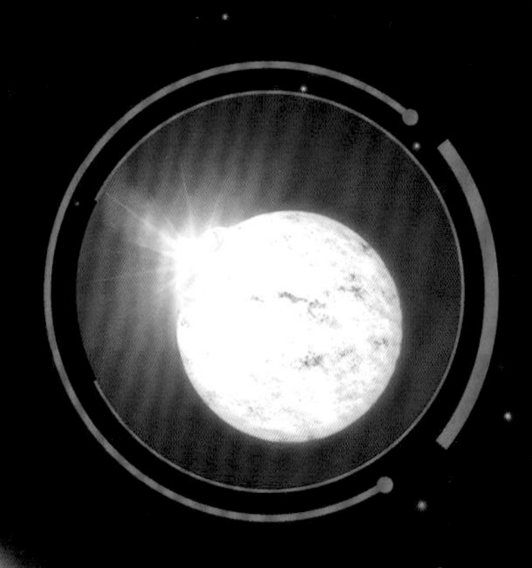

脉冲星

剑桥大学卡文迪许实验室的乔丝琳·贝尔·伯奈尔在1967年10月无意中发现了周期十分稳定的脉冲信号，于是脉冲星就出现了。它是PSR1919+21，位于狐狸座方向，周期为1.33730119227秒，它的直径有10千米左右，自转速度极快。短且稳定的脉冲周期是它最重要的特征，正像人类的脉搏一样，它的名字也是由此得来。

中子星的前世今生

中子星的前身大部分是一颗大质量的恒星。核心的坍缩产生巨大压力，使它发生了质的变化，这时候，原子核被压破，质子和电子重新结合形成了中子，当所有的中子都聚集在一起就形成了中子星。

白矮星

当恒星度过生命期的主序星阶段时，它的核心会发生核聚变反应，就会膨胀为一颗红巨星。红巨星继续演化，当红巨星的外部开始发生不稳定的脉动振荡时，它的半径会时而变大、时而缩小，天文学家推测此时的白矮星已经在红巨星的内部诞生了。不稳定的红巨星最终会爆发，核心以外的物质将抛离其星体本身，向外扩散成为星云，而残留下来的就是白矮星。白矮星的内部不再有核聚变反应，也不再产生能量。

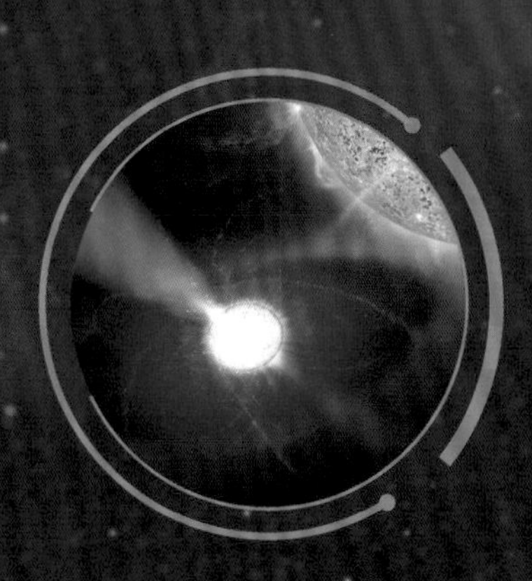

白矮星特点

白矮星是致密星，因为它的颜色呈白色、体积比较小，所以被称作白矮星。白矮星体积与地球相仿，质量跟太阳差不多。目前，已列入白矮星星表的白矮星有2250多颗，估计占恒星总数10%。

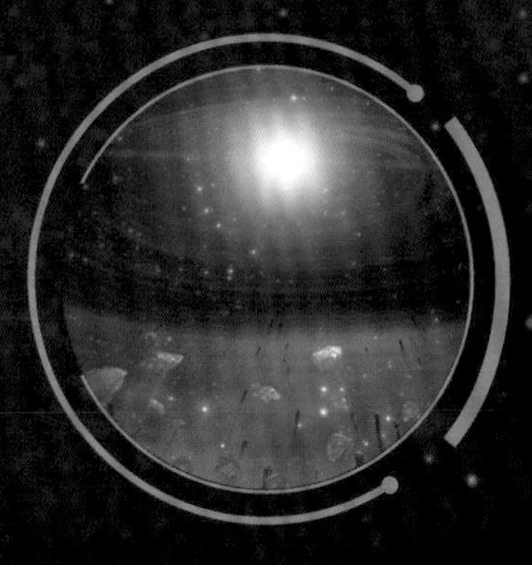

结晶核体

宇宙中无奇不有，天文学家们在白矮星的内部发现了神奇的结晶核体。天文学家通过对GD 518白矮星的观测，发现它正进行“脉冲”式的膨胀和收缩，这意味着在它内部存在着不稳定性，天文学家预测它的内部可能已经出现了结晶现象，形成一定半径的“小结晶球”，这是一个令人惊讶的结果。

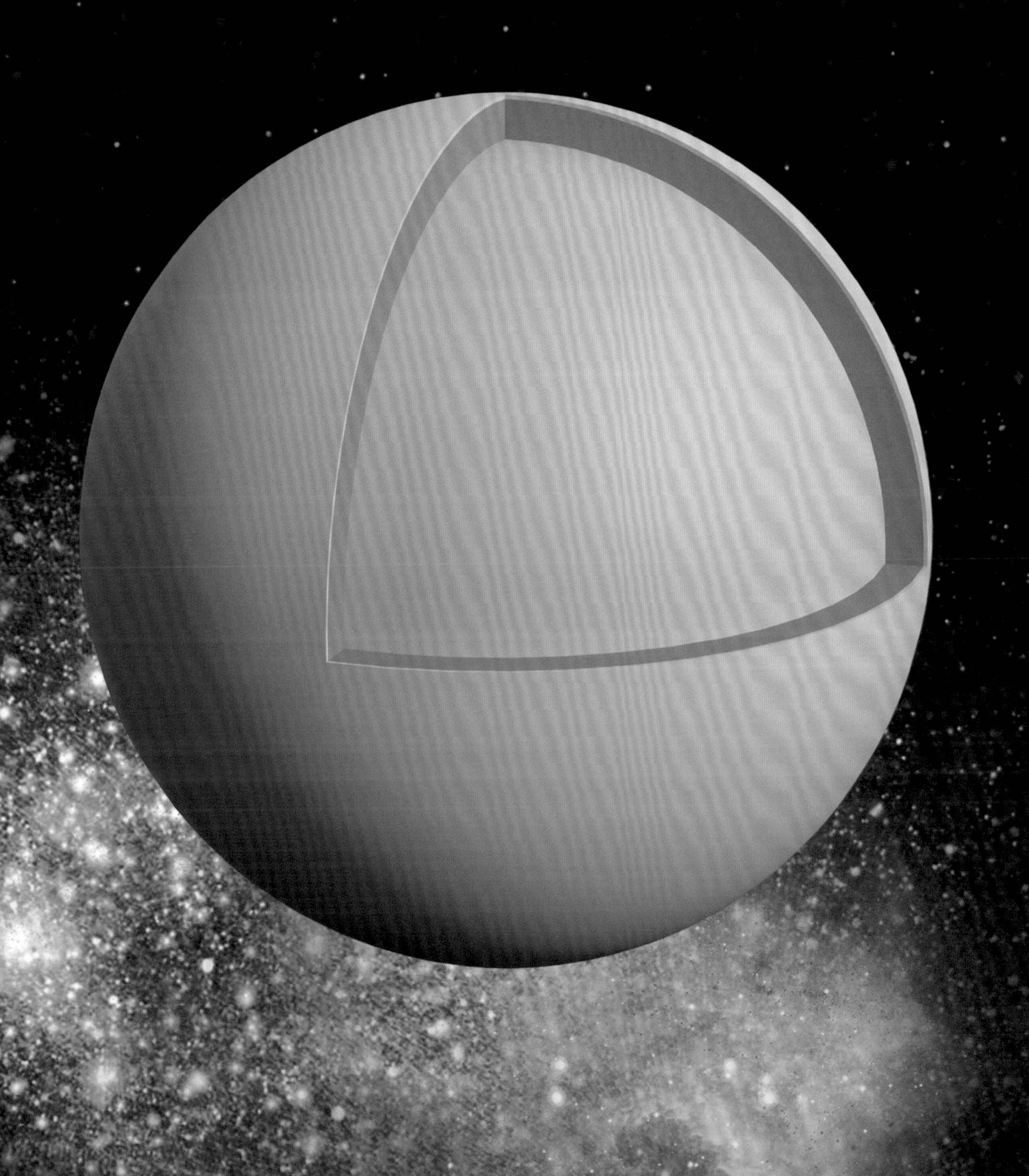

中子星与白矮星有什么区别

白矮星和中子星都是恒星演化末期出现的结果，随着能量的不断消耗，白矮星和中子星都将成为一颗不发光的黑矮星。但是它们还是存在本质区别的，白矮星和中子星的物质存在的状态是完全不同的，中子星的密度远远大于白矮星的密度，而中子星的体积要比白矮星小得多。

黑洞

黑洞的密度可以大到连光都无法逃脱，自从它被发现，天文学家就开始了对其探索。恒星演化到最后阶段会变成密度极大的天体，质量最大的恒星最终会坍缩形成黑洞。其实黑洞并不黑，它不是实实在在的天体，它是一个空空如也的区域，探测黑洞存在的唯一途径就是观测它对周围天体的影响。黑洞的引力非常大，会形成一种叫作吸积盘的结构，它会吞没周围的一切物体。

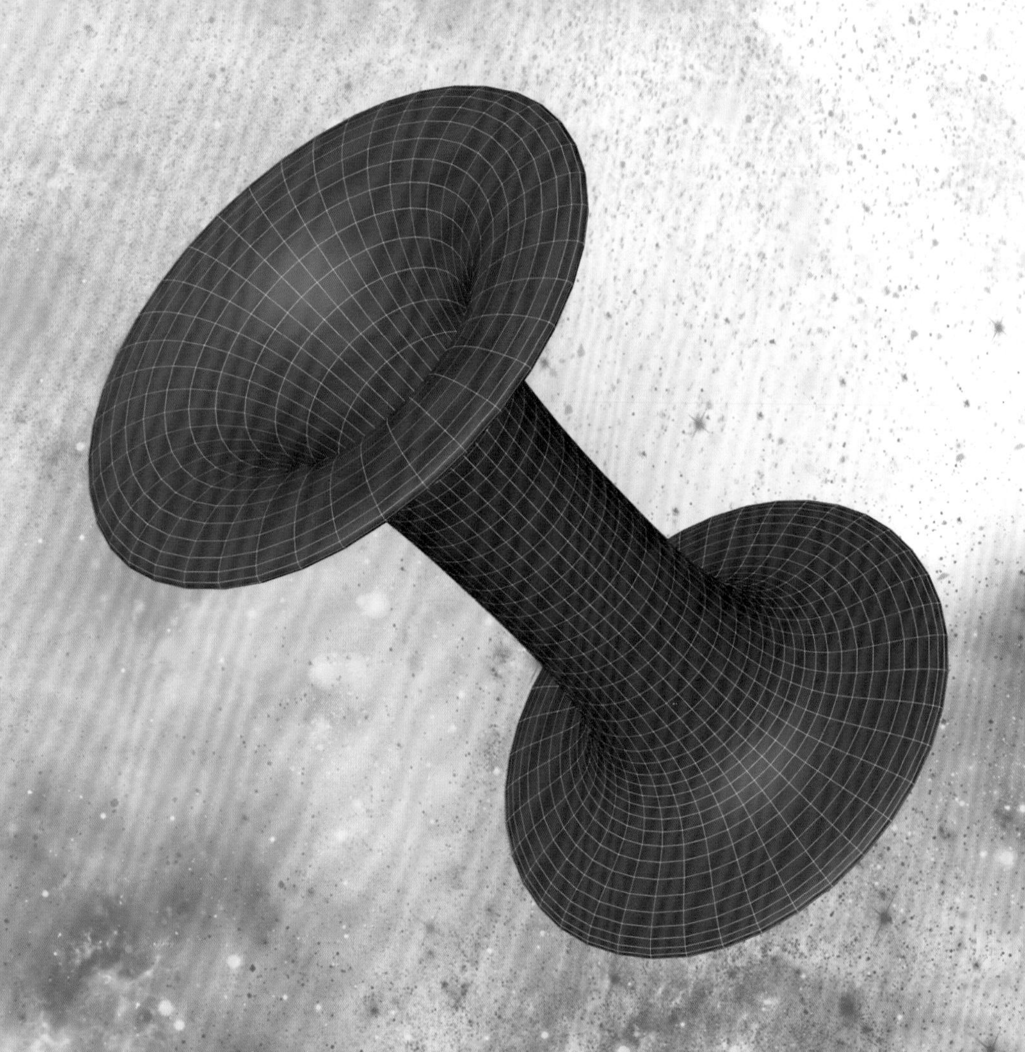

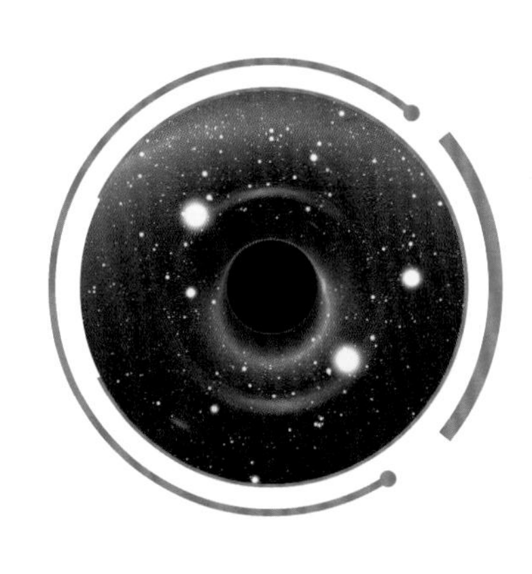

黑洞无毛定理

卡特尔等天文学家在1973年证明了黑洞无毛定理。他们认为无论是怎样的黑洞，黑洞的性质最终都是由几个物理量确定的，它们分别是质量、角动量和电荷，也就是说在黑洞形成之后就剩下了这三个不能变为电磁辐射的守恒量，其他一切都不复存在。黑洞并没有形成任何复杂性的物质，也没有前身物质形状的记忆，于是这种特性被称为“黑洞无毛”。

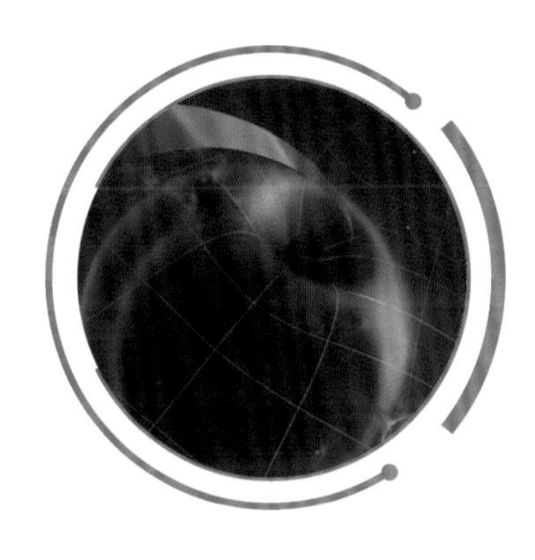

重力井

重力井或引力井是指在空间中围绕着某个天体的引力场的概念模型。它就像是一块布中间放了一个铁球，铁球周围会产生凹陷，质量较大的天体周围产生的凹陷会使小质量天体陷落，这或许是引力的形成原因。黑洞能够吞没一切靠近它的物体。它的重力井无穷大，除了物质以外就连光线都能被吞没。任何跨越了黑洞边界的物体都会随着一个螺旋路径坠入重力井。

行星

行星是围绕恒星运转的天体，它们通常是自身不发光的。往往它们公转的方向与环绕的恒星自转方向相同。行星不能够像恒星那样发生核聚变反应。人们对行星的定义非常形象，因为它们在宇宙中的位置不固定，就像是在星空中行走一般，所以被叫作行星。我们居住的地球也是一颗行星，在太阳系中我们肉眼可见的其他行星还有水星、金星、火星、木星和土星。望远镜被发明出来后，人类又观测到了天王星、海王星等。

矮行星

矮行星又被称为“侏儒（rú）行星”，在新的行星定义标准下，不能清除其轨道附近其他物体的围绕太阳运转的球状的天体被称为矮行星。

类地行星

就像它的名字一样，类地行星的许多特征与地球比较接近，它们的质量和体积都比较小，平均密度比较大，离太阳的距离相对较近。在类地行星的表面都有一层坚硬的壳层，拥有类似地球的地貌特征。有的像地球一样带有大气层，有的没有大气层。

如何探寻系外行星

探寻行星最古老的方法是天体测量法，人们通过天体测量法精确地测量天体的位置，以及它跟随时间的运动规律。凌日法也是搜寻行星的方法，当行星运动到恒星的前方，恒星的光芒就会减弱，天文学家就是用这种方法发现恒星 HD 209458 的行星 HD 209458b 的。还可以通过观测脉冲星的信号周期来推测行星的存在，引力透镜法也是用来发现行星的方法。

适宜居住的行星

为什么人类能够在地球上生存？地球与其他星球有什么不同？为什么地球最适合人类居住？宜居行星是指最适宜人类生存的行星，多年来天文学家们一直试图在宇宙中找到第二个适合人类生存的行星，以备地球资源枯竭时，人类可以移居到这些星球上。但是地球在宇宙中诞生的时间太早了，它经过了亿万年的演化才变成现在的样子，在这个过程中存在诸多随机性，想要找到类似的星球确实不是一件容易的事。但是天文学家们仍然没有放弃继续探索的脚步，对找到其他宜居行星仍抱有热情与希望。

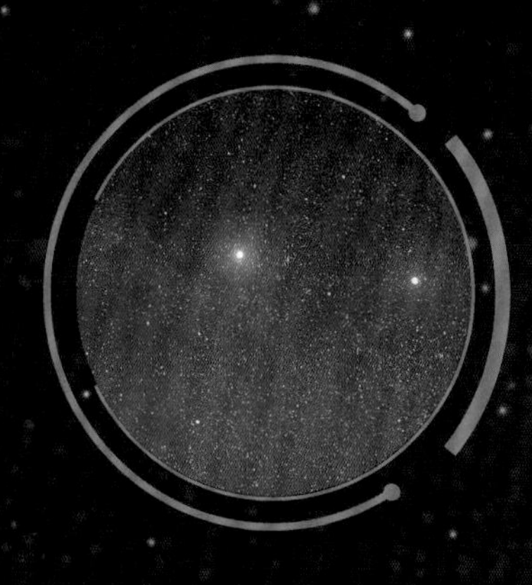

最像地球的行星

天文学家在2013年宣布了一件振奋人心的消息，那就是开普勒空间望远镜观测到了太阳系外与地球相似的行星，这一发现让人类离找到宜居行星的目标更近了一步。这两颗行星位于开普勒62行星系统的宜居带中，理论上在其表面会存在液态水甚至大气，但它们是否有生命存在还需要进一步探测。

宜居行星需要具备哪些条件

一颗行星在变成宜居行星的过程中必定经历了一系列概率极低的巧合和机遇。首先，它所围绕的恒星要大小适中、要处于主序星阶段，最好是单颗恒星，这样行星就能够接收到适宜的光照，拥有适宜的温度。并且，在其外轨道上最好存在几颗大行星充当“保镖”。其次这颗行星必须是以硅（guī）酸盐岩石为主要成分的行星，还需要具备和地球类似的大气层，地壳活动不能太剧烈，还要有磁场的保护。

小行星与近地小行星

小行星带的位置在火星和木星之间，它就像是一个“垃圾堆”，自从太阳系形成以后，那些小行星就被困在此处。小行星质量很小，其质量的总和仅为地球质量的0.04%。天文学家曾推测，最初的小行星带存在着更多的小行星，但是由于太阳和木星的引力，使得小行星遭到了吞噬，或者逃离了太阳系。也因此，其他小行星也无法凝聚成一颗行星。

小行星有哪些类型

小行星也有它们的类别，它们可以根据成分、光谱和反照率分为几类。其中 S 型小行星是小行星带内侧最常见的，它们通常是由硅酸盐组成的。颜色非常暗的属于 C 型小行星，含有大量的碳元素。M 型小行星在小行星带的中间位置，它们是金属质地，主要由镍（niè）元素和铁元素组成。

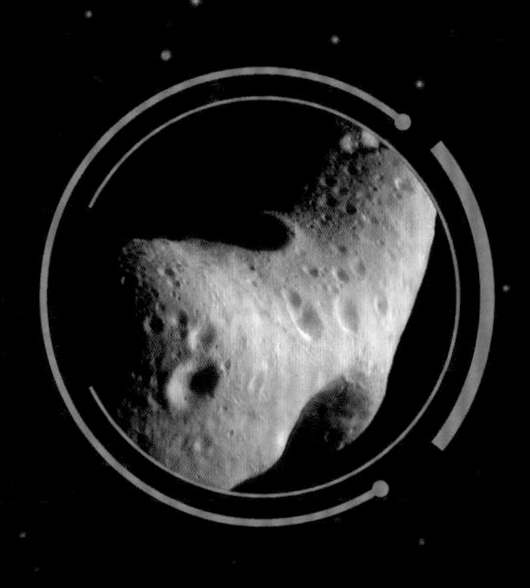

近地小行星

近地小行星指的是那些轨道与地球轨道相交的小行星。这种类型的小行星可能会有与地球撞击的危险，这并不是耸人听闻。为了防备这些“危险分子”，国际天文组织已经成立了监视和预警机构，对近地小行星进行了密切的监视与追踪。

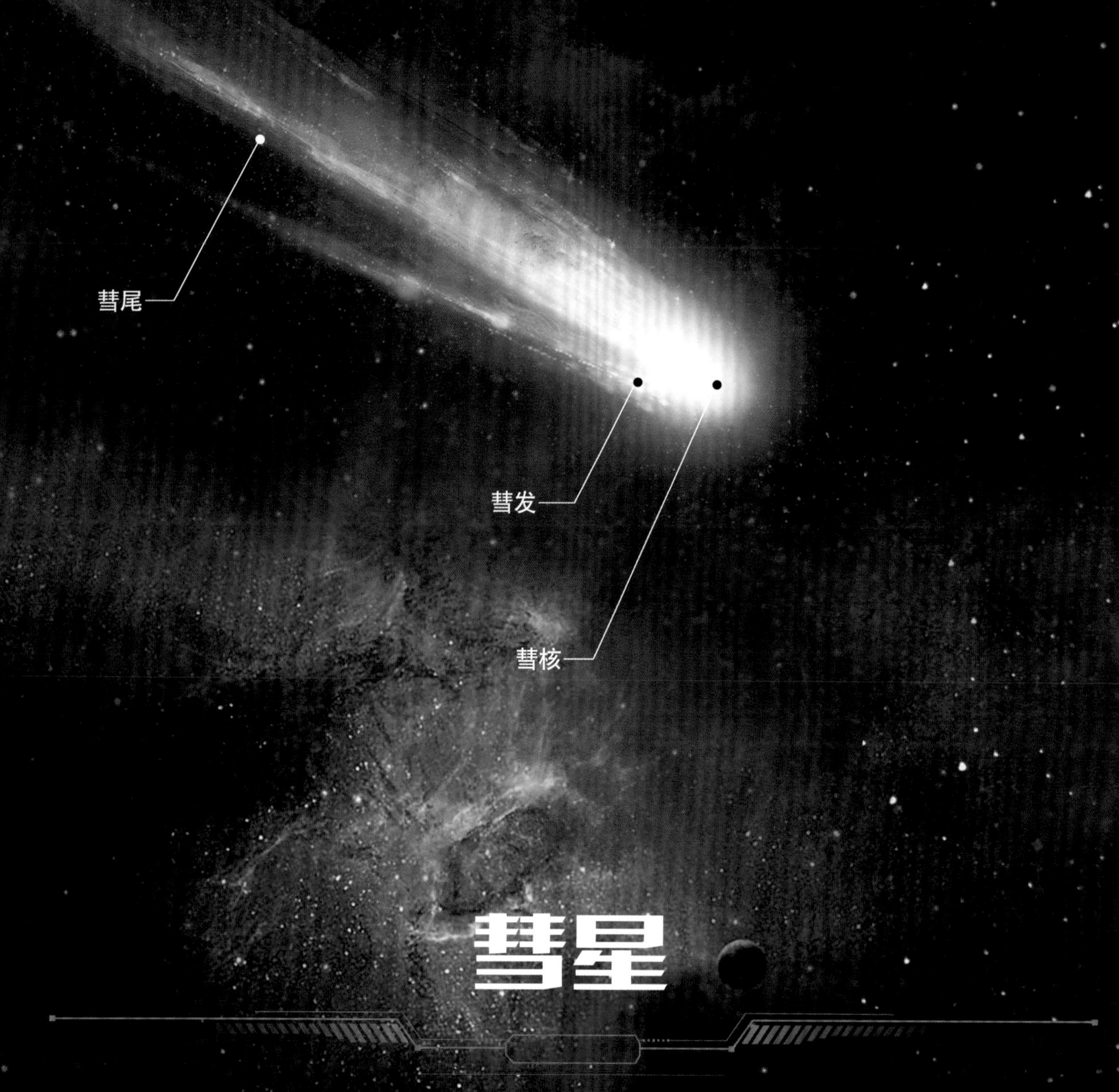

彗星

彗星是太阳系中的小天体，是普遍存在的。彗星的固态部分称为彗核，由冰和不易熔（róng）解的物质构成。当彗星靠近太阳的时候，会蒸发出名为彗发的尘埃包层，并能够挥发出由气体和尘埃组成的彗尾。彗星的轨道是并不具有严格意义上的圆锥曲线轨道，它们因受到八大行星的摄动，轨道不断演变。

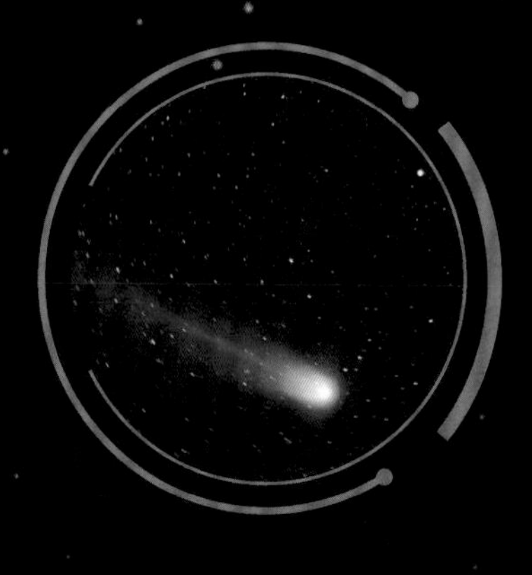

观测彗星

彗星甩着明亮的尾巴，常常让人们认为它离地球很近，甚至就在我们的大气层范围之内。而在1577年，第谷指出当从地球上不同地点观测时，彗星并没有显示出方位的改变，这一现象让我们了解到彗星必定是在离我们很远的地方。

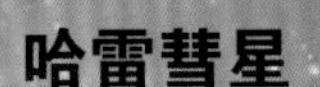

哈雷彗星

哈雷彗星是唯一能用肉眼直接从地球上看见的短周期彗星，也是人一生中唯一以肉眼可能看见两次的彗星。其他能以肉眼看见的彗星，也许会更加壮观和美丽，但那些都是数千年才会出现一次的彗星。

流星体

流星体是分布在星际空间的颗粒状的碎块。流星体进入地球（或其他行星）的大气层之后，与其摩擦产生了光和热，这个阶段称为流星。流星大部分碎块会被燃尽，燃烧未尽的碎块坠落到地球表面，称之为陨石。流星分为单个流星、火流星、流星雨。

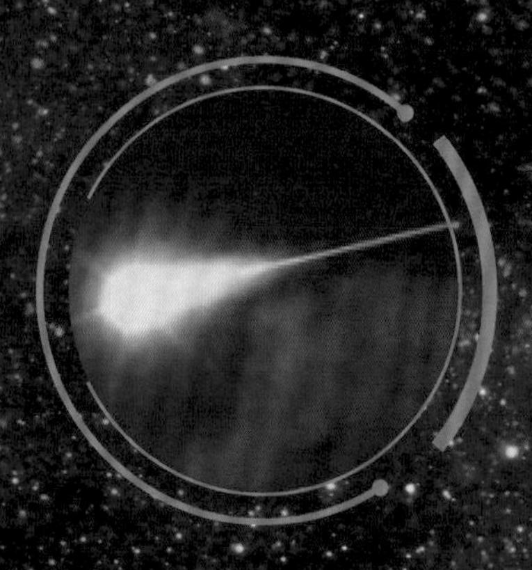

火流星

火流星看上去非常明亮，还会发出“沙沙”的响声或者爆炸声。当火流星消失以后，有时会留下云雾状的长带，它被叫作“流星余迹”，可存在几秒钟到几分钟，甚至几十分钟。

流星体是怎么来的

在宇宙中分布着各种各样的小碎块，它们都是由彗星衍生出来的。当彗星接近太阳的时候，太阳的热量和强大的引力会使彗星一点一点地蒸发，随后在自己的轨道上形成许多尘埃，这些被遗弃的尘埃凝聚成颗粒状的小碎块就是流星体。

流星体原本是围绕太阳运动的，但是当它经过行星附近时，会受到行星的引力的作用，从而改变轨道，进入行星大气层。

观测流星雨

一个晴朗的冬夜，来到郊外璀璨的夜空下，如果你足够幸运，就能捕捉到流星转瞬即逝的身影。面对漫天的繁星，仅仅凭借记忆是很难判断流星雨爆发的那片天区，这时，我们就要借助星图来判断了。观测流星雨就像看球赛，用望远镜拉近距离，能够欣赏得更加尽兴。但由于视野变小，观测到的概率变小了，这更加考验你的耐心。

流星雨有什么规律

流星雨的出现有什么规律呢？在同一天中，流星雨出现的概率以黎明前为最大，傍晚时为最小。在一年之中，下半年的流星雨数量要比上半年多，秋季的流星雨要比春季多。

陨石

陨石又叫作陨星，是流星体脱离原有运行轨道，飞快散落到地球或其他星体表面的物质。全世界收集到的陨石有4万多件，它们大致分为三大类：石陨石、铁陨石和石铁陨石。陨石由铁、镍、硅酸盐等矿物质组成。在含碳量高的陨石中还发现了大量的氨、核酸、脂肪酸、色素和11种氨基酸等有机物，因此，也有人认为地球生命的起源与陨石有着某种关系。

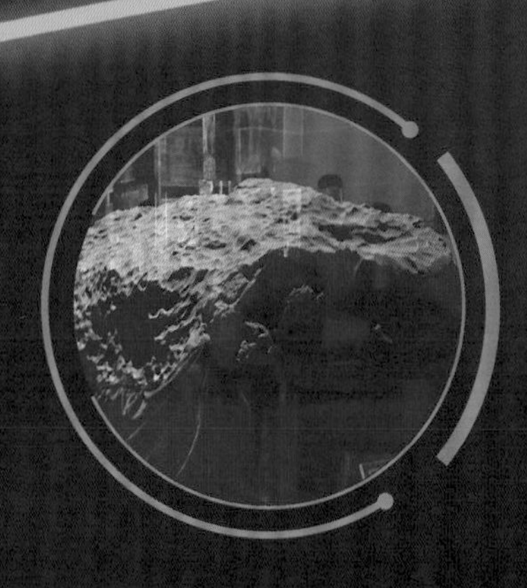

吉林 1 号陨石

吉林陨石中最大的一块陨石为吉林1号陨石，它在冲击地面时造成蘑菇云状烟尘，并且形成一个6.5米深，直径2米的坑。这块陨石重达1770千克，属于H球粒陨石，呈棕黑色，上有气印，它是世界上已知最重的石陨石，它冲击地面造成的动荡相当于1.7级地震。现陈列于吉林市博物馆作为展品展出，我们可以到博物馆仔细观察。

吉林陨石雨

吉林陨石雨是发生在中国吉林市北郊的一次流星雨天文事件。在1976年3月8日下午，一颗流星体穿越大气层时，分裂成许多小流星，小流星从空中陨落到地面形成了陨石。此次事件收集到的陨石总重量在2000千克以上。

吉林1号陨石

第二章

太阳系

太阳系

我们生活在地球上，每天接触的事物都是地球赋予我们的，当我们仰望天空的时候，觉得天空离我们很远很远，确实，我们所在的世界是很大的。当提到天体时，我们就一定会想到太阳，我们每天都能看到太阳“上班”，但太阳并不只是自己“生活”，你可能不会相信，地球和太阳是“一家人”，属于同一个“家族”。太阳的这个大家族，叫作太阳系。太阳系是由许许多多的“家庭成员”组成的，从这个家族被命名为“太阳系”就可以知道，太阳在太阳系中处于中心的位置，它用自身的引力约束着生活在太阳系中的其他天体。

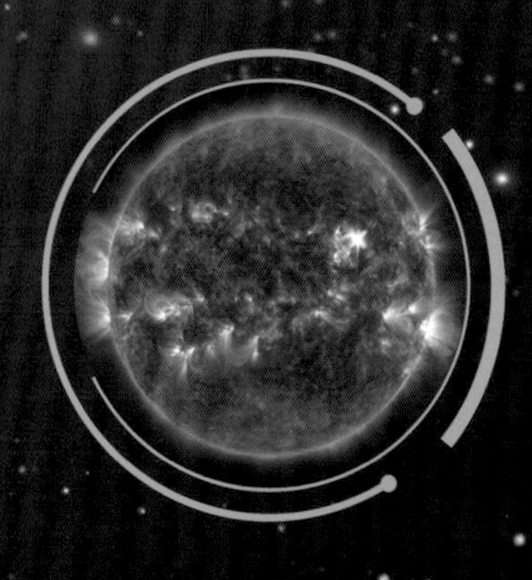

星系之间的关联

太阳系“家族”生活在一个被称为银河系的星系内，太阳系的位置在银河系外围的一条被称为“猎户臂”的旋臂上。地球上能发展出生命的一个重要因素就是太阳在银河系之中的位置，太阳运行的轨道极其接近圆形，并且和旋臂保持大致相等的速度，这意味着它相对于旋臂几乎是静止的，因此使得地球长期处在稳定的环境之中。

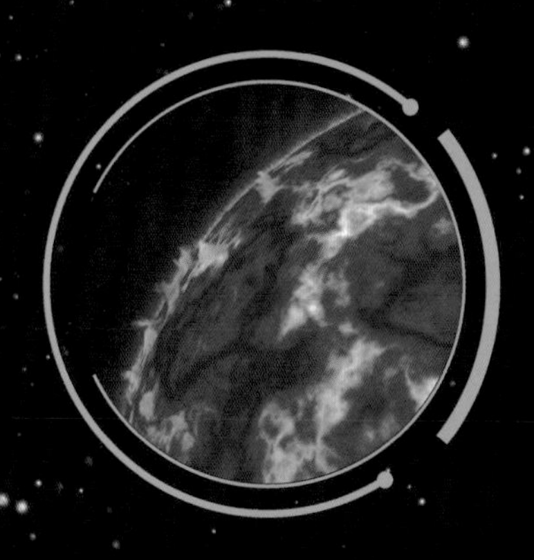

太阳

太阳是太阳系中唯一一个自身能发光的天体，也是太阳系中最重要的成员。太阳是一颗中等大小的黄矮星，它有足够的质量使内部的压力与密度能承受和平衡核聚变产生的巨大能量，并以辐射的形式让能量稳定地进入太空。

太阳系“家庭成员”

太阳系的领域以太阳为中心，同时还包括了八大行星，至少173颗已知的卫星，众多的小行星、彗星和流星体等，一些已经辨认出来的矮行星以及冰冻小岩石，存在于被称为柯伊伯带的第二个小天体区。其中八大行星依照距离太阳从近到远的顺序分别是：水星、金星、地球、火星、木星、土星、天王星和海王星。

太阳系的边界

天文学家杰拉德·柯伊伯提出，在太阳系边缘存在一个带状区域，为了纪念他的发现，人们把这一区域命名为柯伊伯带。柯伊伯带在太阳系外围，海王星轨道以外，距太阳30～500天文单位（AU）的环带天区内。

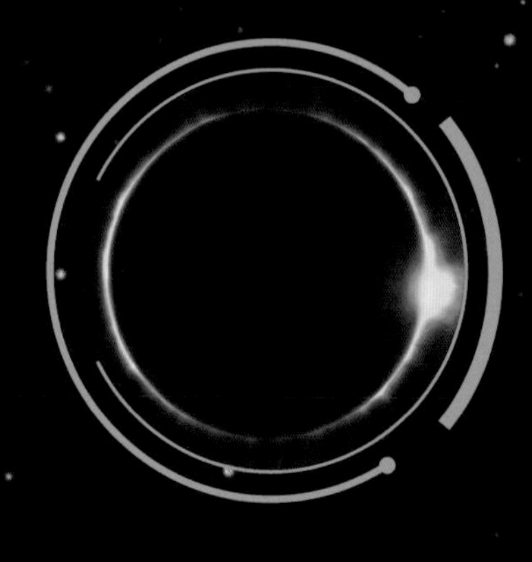

柯伊伯带天体的形成

柯伊伯带天体是太阳系形成时遗留下来的一些团块。在45亿年前，有许多这样的团块在更接近太阳的地方绕着太阳转动，它们互相碰撞时所遗留下来的碎片，又结合在一起形成地球和其他类地行星，以及类木行星的固体核。柯伊伯带天体也许就是一些遗留物，它们在太阳系刚开始形成的时候就已经在那里了。

柯伊伯带的天体颜色

柯伊伯带的天体可以说是太阳系边缘的一道美丽风景线，据称，柯伊伯带的天体能呈现出一系列颜色，从黑白色或较淡的蓝色，到鲜艳的大红色。至于柯伊伯带为什么会有这种五颜六色的现象还是一个未解之谜，但这足以表明它的组成成分非常多。

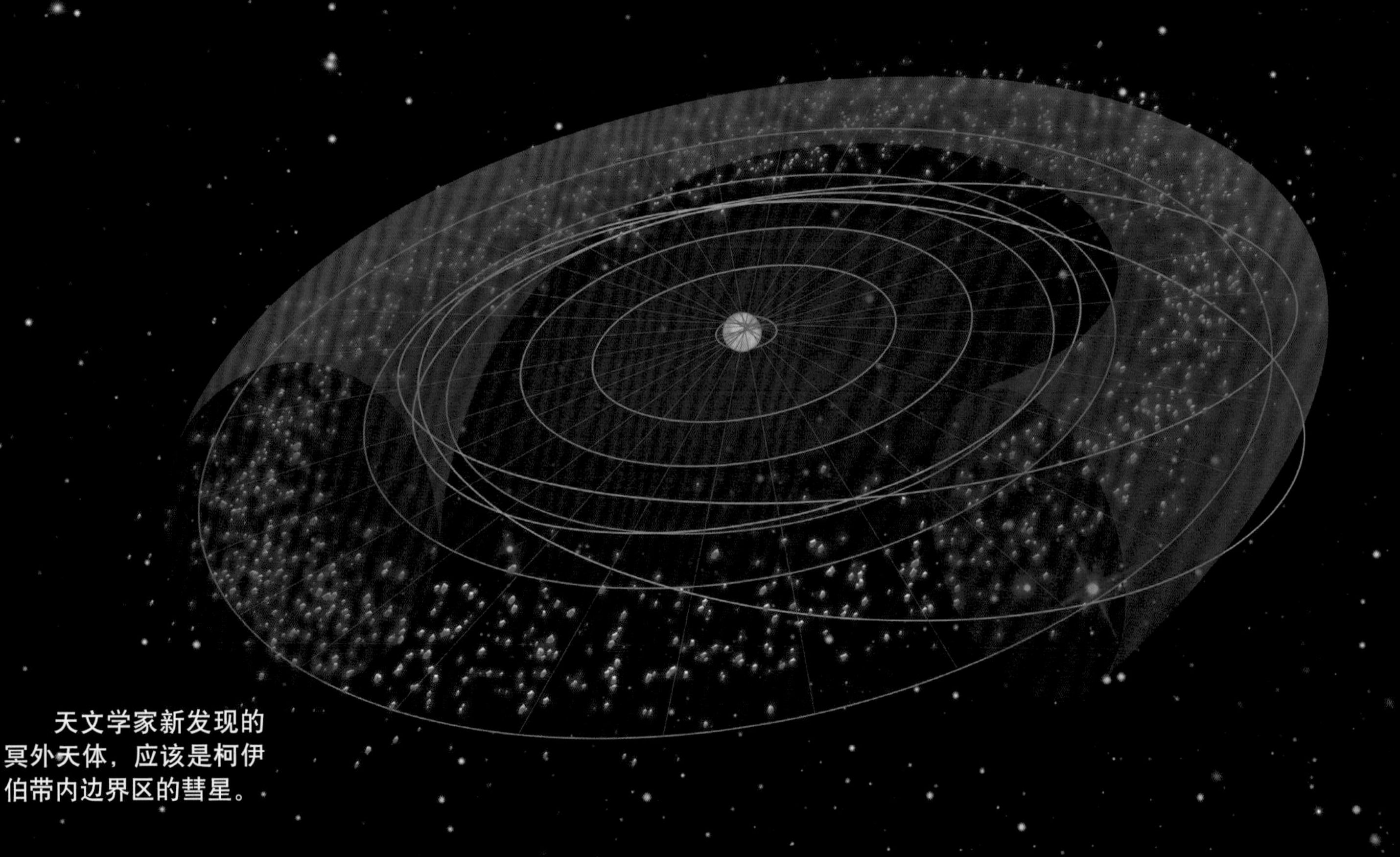

天文学家新发现的冥外天体，应该是柯伊伯带内边界区的彗星。

炙热的大火炉

一年四季，每个白天都有一个“好朋友”在陪伴我们，它总是不知疲倦地把温暖和光明带给我们。你们猜到这位“朋友”是谁了吗？它就是距离我们很远、为我们默默奉献的太阳。太阳是太阳系的中心天体，太阳系中的八大行星，都围绕着太阳公转，而太阳则围绕着银河系的中心公转。我们看到的太阳几乎是一个平面的圆形，但其实它是一个巨大的球体，按照由内向外的顺序，它由日核、中层、对流层、光球层、色球层、日冕构成。

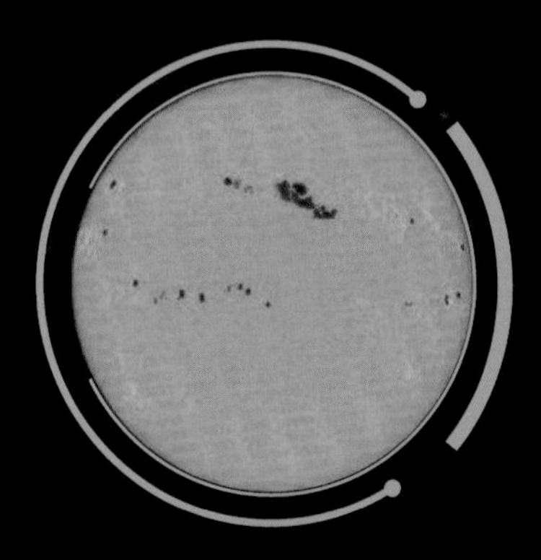

太阳黑子

在太阳的表面上出现的暗黑斑块，它们就是太阳黑子。太阳黑子倾向于成群出现，因此太阳表面上经常形成一些太阳黑子群。每个群中的太阳黑子从一两个至几十个，单个太阳黑子大小则从几百至几万千米。

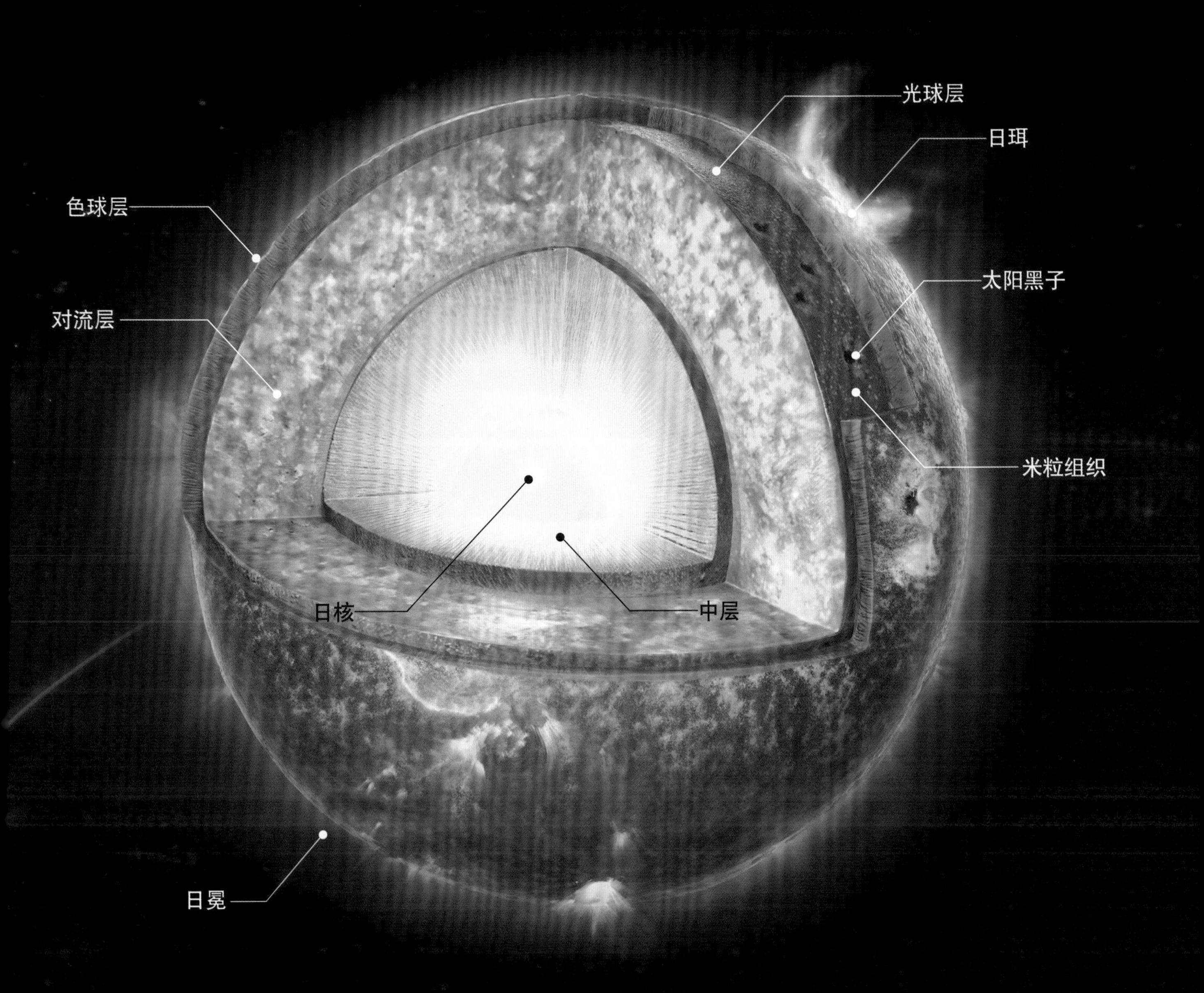

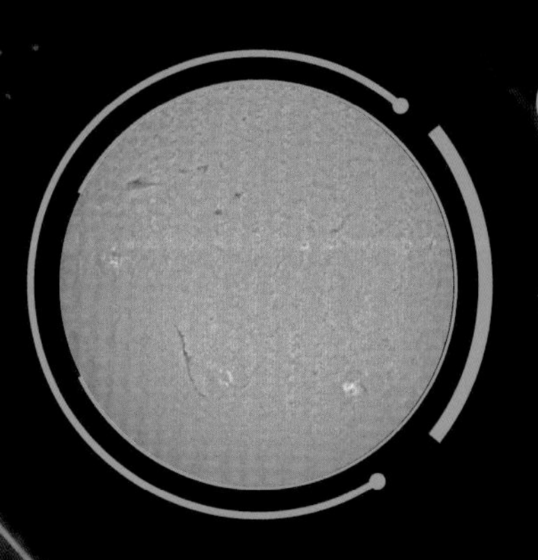

太阳有多大

据计算，太阳的半径约为69.6万千米，是地球半径的109倍。太阳的体积则是地球体积的130万倍。

太阳的表面

你知道太阳长什么样吗？我们对太阳的印象就是，太阳是个圆的、会发光的天体，由于太阳光很刺眼，所以我们并不能用肉眼仔细地观测太阳。太阳的表面究竟是什么样的呢？其实，我们能看到的太阳表面就是太阳的光球层，又称“光球”，我们所接收到的太阳的能量基本上是光球层发出的。我们看到的太阳是明亮的，但它的各部分的亮度却是很不均匀的，日面的中心区最亮，越靠近边缘越暗，这种现象叫作临边昏暗。

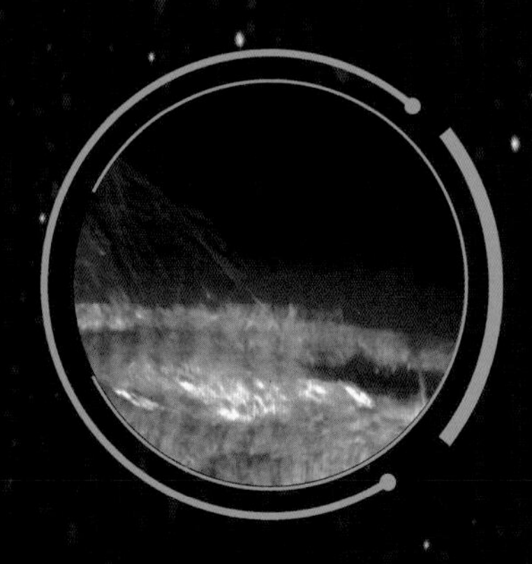

光斑

光斑是光球层上比周围更明亮的浮云状区域，它有别于太阳黑子，比太阳黑子明亮许多。光斑常在太阳表面的边缘活动，却极少在日面中心“抛头露面”。

太阳活动

太阳看起来很平静，有时候“藏起来”是因为云朵的运动遮住了它。其实，太阳在稳定和均匀地向四面八方发出辐射的同时，它的大气中的一些局部区域，有时还会发生一些存在时间比较短暂的“事件”。例如光球层上的太阳黑子、色球层上的日珥。我们通常把太阳上所有这些在时间和空间上的局部化现象，及其所表现出的各种辐射增强，统称为太阳活动。

太阳活动的增强，会严重干扰地球上无线通信及航天设备的正常工作。

太阳的一生

我们正在享受着太阳给我们的恩惠，习惯了它每天对我们的陪伴。太阳不仅充满了神秘之感，也会带给世间万物更多的动力和能量。但是，你知道吗？太阳和我们一样，它也有自身的生命演化过程，只是从诞生到死亡，它经历的时间比较长。大约在50亿年前，浩渺无垠的宇宙并不是空无一物的空间，在群星之间布满了物质。这些物质是气体、尘埃或是两者的混合物，在这些“成员”之中，就有形成太阳的物质。太阳并不是突然诞生的，它是经过一段时间的变化和发展而累积形成的。在太阳还是个“小孩子”的时候，它的“情绪”并不稳定，时常会发生变化，导致体积膨胀不定。随着“年龄”的增长，太阳逐渐变得“稳重”了，直到变成现在我们看到的样子。

太阳是怎样诞生的

46亿年前，太阳在一个密度稀薄而体积庞大的原始星云中诞生。此阶段为主序星前阶段，大约需要3000万年。

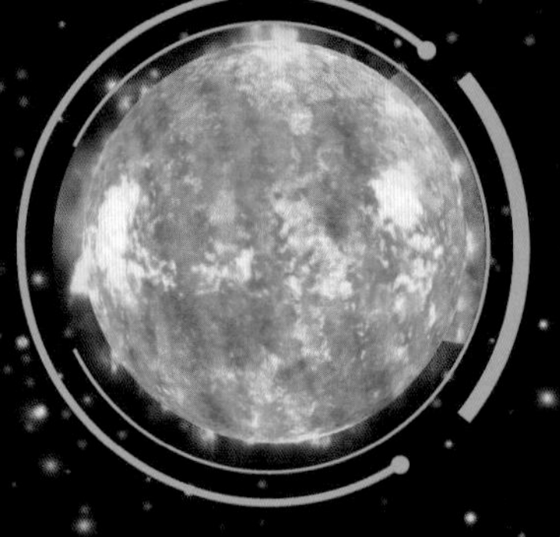

“中年”的太阳

我们现在所看到的太阳，已经是“中年”的太阳了，这时的它处于主序星阶段。此时的太阳，相当稳定地发出光和热，这种状态还能持续34亿年。

太阳的归宿

主序星阶段之后，太阳迎来了红巨星阶段，此阶段经历的时间大约是 4 亿年。然后是氦元素燃烧阶段，整个氦元素燃烧阶段的时间只有 5000 万年，其他元素的燃烧时间则更短。当太阳的主要燃料氢元素和氦元素耗尽之后，体积可缩小到只有目前太阳半径的 1%，而密度大约是现在的 100 万倍，成为一颗白矮星。太阳在白矮星阶段大约经历 50 亿年之后，将变成一颗不发光的恒星——黑矮星。

日食

我们有时会看到太阳“缺少”一部分的现象，这种现象其实是日食现象。日食又被称为“日蚀”，是月球运动到太阳和地球的中间，三者正好处于同一直线时，月球挡住太阳射向地球的光而身后的黑影正好落到地球上的现象。日食只发生在朔日，也就是农历初一，但也并不是所有朔日必定会发生日食现象。日食现象通常持续的时间很短，在地球上能看到日食的地区也很有限。这是因为月球比较小，它本身的影也比较短小，因而月球本影在地球上扫过的范围不广，时间也不长。

日食的种类

日食分为不同的种类。太阳完全被月球遮住的现象称为日全食；太阳有一部分被月球遮住而另一部分继续发光的现象称为日偏食；月球的视直径略小于太阳而太阳的边缘在发光、中央部分暗黑的现象称为日环食。

日食有什么重要意义

日食现象一直很受人们的重视，不仅是因为它是一种具有观赏性的景观，更重要的原因是它的天文观测价值巨大。太阳本身的光芒非常刺眼，而月球的遮挡能让太阳暗下来，这时原本不易观测的日冕会显露出来。科学家利用日食能收获重大的天文学和物理学发现，最著名的例子就是1919年的一次日全食，它验证了爱因斯坦广义相对论是正确的。

八大行星

“行星”这一说法起源于希腊语，它原意指太阳系中的“漫游者”。八大行星是太阳系的八个行星，它们像形影不离的好朋友，始终围绕着太阳旋转。八大行星中，靠近太阳的水星、金星、地球、火星属于内太阳系的成员，它们的体积和质量较小；而木星、土星、天王星、海王星的体积和质量则较大，它们就像“家”中的“兄长”一样，在外围保护着自己的“弟弟”。

土星

天王星

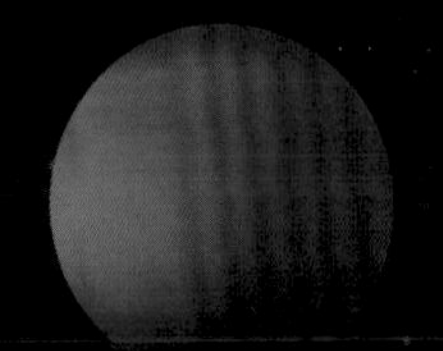

海王星

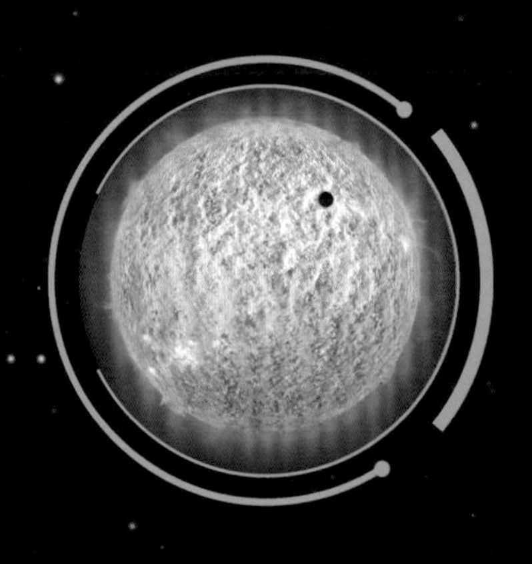

行星凌日

行星凌日是一种奇异的天文景观，它的成因是光的直线传播定律。当地球、太阳与该行星在同一直线上时，就会有这种现象出现，常见的有水星凌日、金星凌日。行星凌日是一种很难得的天象，是天文学家认识宇宙的重要工具。天文学家第一次较为精确地测量了日地距离就是借助水星凌日现象。

行星与恒星的区别

恒星是宇宙中靠核聚变产生能量而自身能发光发热的天体，行星则是自身不发光，环绕着恒星运转的天体。恒星通常比较大，而行星相对较小；恒星的位置相对稳定，行星看起来则经常移动。

水星

太阳系中的每一位“家庭成员”都深受人们的关注，也许以后我们的家园会“扩建”到其他行星上去，因此，对行星的研究十分必要。水星和太阳的平均距离为5791万千米。水星通常不怎么“抛头露面”，其实真正的原因是，平时在太阳光的照耀下，人们很难看见水星，只有在日食的时候，水星才有“崭露头角”的机会。

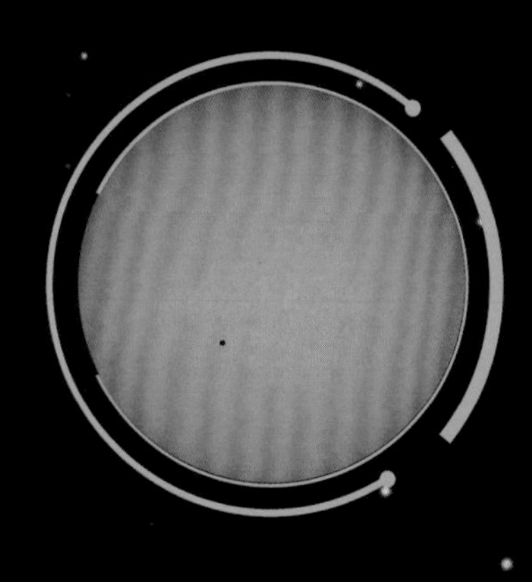

水星凌日

当水星“跑”到太阳和地球之间时，人们会看到太阳上面有一个小黑点穿过，这种现象即水星凌日。水星凌日的道理和日食类似，但是水星距离地球比月球距离地球远，视直径仅为太阳的1/190万。水星凌日时能挡住太阳的面积很小，不足以减弱太阳的光亮，因此这种现象肉眼难见，只能通过天文望远镜进行投影观测。

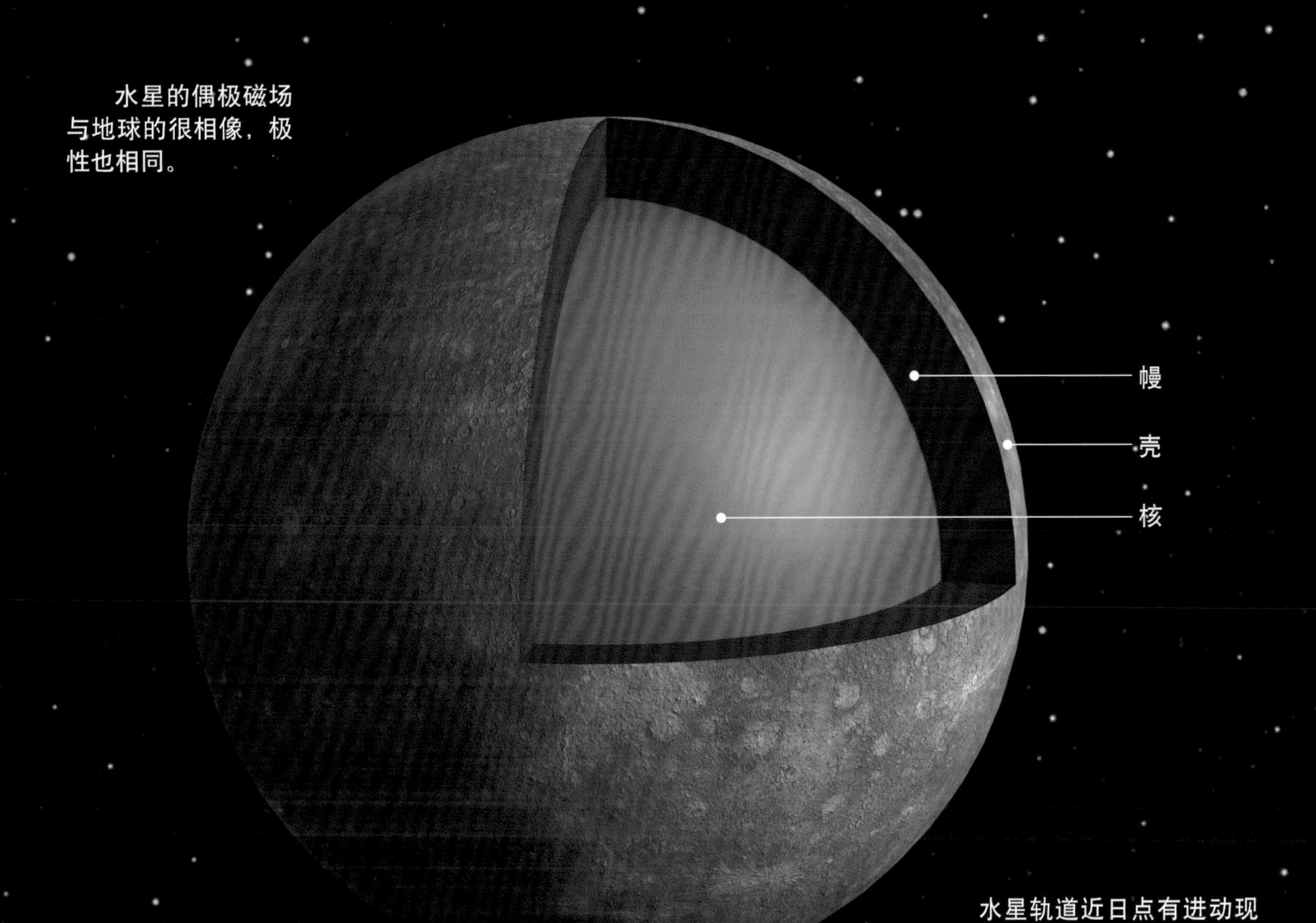

水星的偶极磁场与地球的很相像，极性也相同。
幔
壳
核
水星轨道近日点有进动现象，这后来成为爱因斯坦广义相对论的三大天文验证之一。

水星有磁场吗

水星的磁场虽然强度还不到地球磁场强度的1%，但它却是太阳系类地行星中除了地球以外唯一一个拥有全球性磁场的行星。

金星

我们已经知道太阳最近的邻居是水星，而水星有两个邻居，除了太阳以外，另外一个邻居就是金星。金星是太阳系中八大行星之一，也是一颗类地行星，因为其质量与地球类似，有时也被人们叫作地球的“姐妹星”。在我国古代金星被称为长庚（gēng）、启明、太白或太白金星。

地球的“姐妹星”

金星被人们称作地球的“姐妹星”，原因是它们有许多相似之处。两者的大小几乎一样，金星的赤道半径6052千米，约为地球的95%。质量约为地球的82%。体积约为地球的85%。但是，尽管如此相像，两者的环境却截然不同：金星的表面温度很高，不存在液态水，大气压力极高并且严重缺氧，因此金星上存在生命的可能性极小。

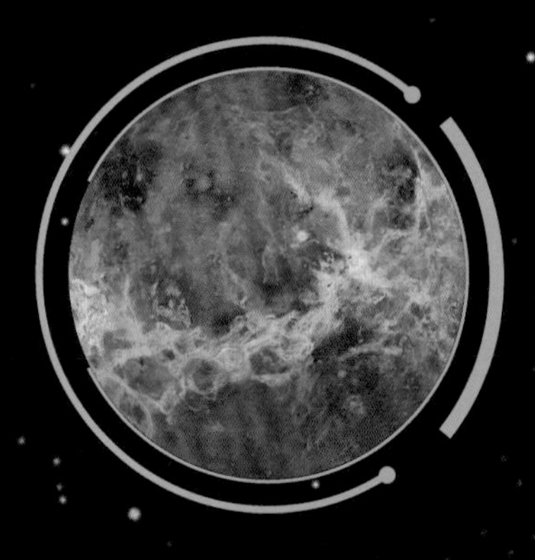

天空中最亮的行星

金星是天空中最亮的行星，最亮时可达-4.7视星等。金星犹如一颗耀眼的钻石，于是古希腊人称它为“阿佛洛狄忒”——代表爱与美的女神。由于离太阳比较近，所以在金星上看太阳，比在地球上看到的太阳大1.5倍。

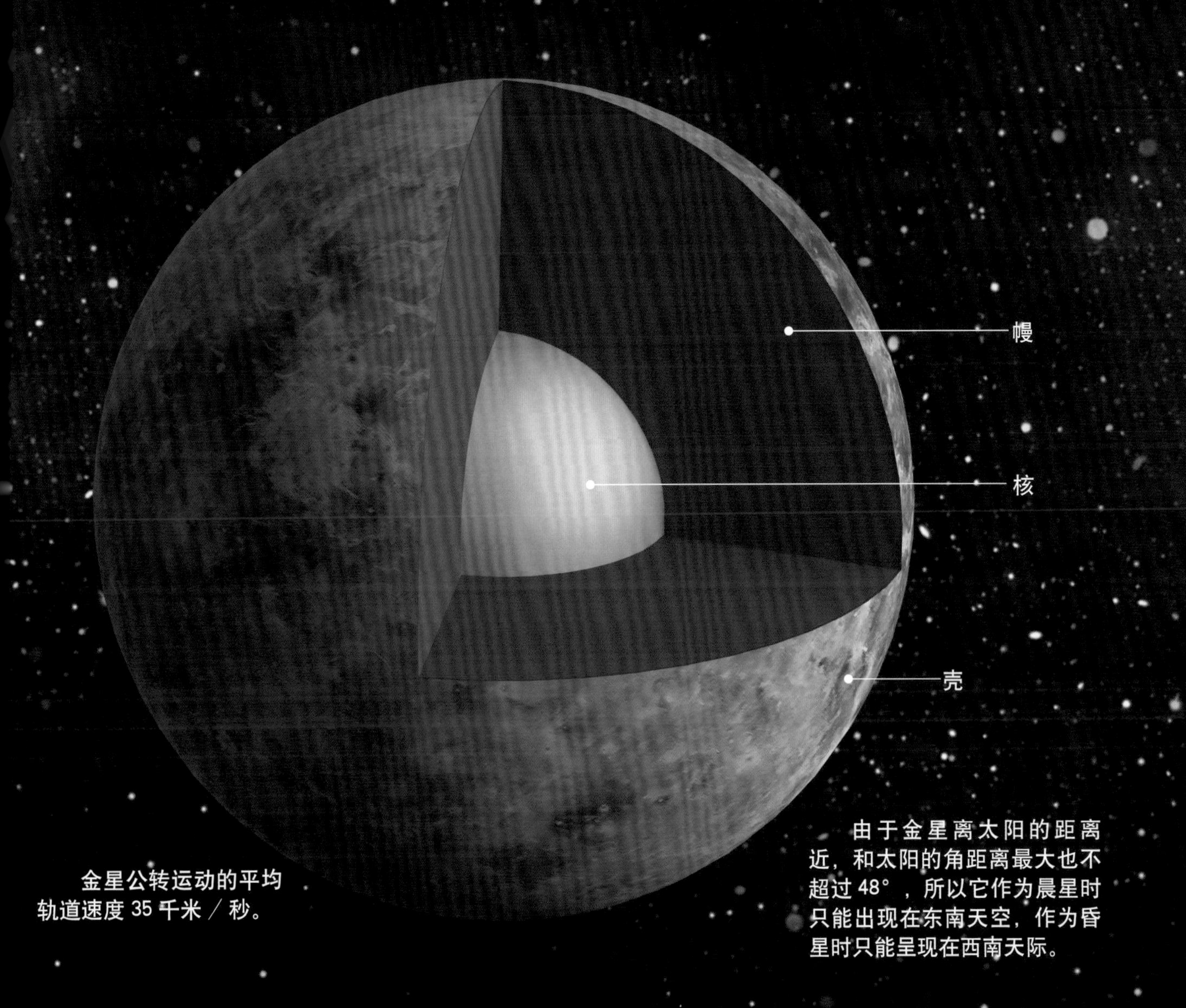

金星公转运动的平均轨道速度 35 千米 / 秒。

由于金星离太阳的距离近，和太阳的角距离最大也不超过 48°，所以它作为晨星时只能出现在东南天空，作为昏星时只能呈现在西南天际。

金星有卫星吗

曾经，人们认为金星有一颗名为“尼斯”的卫星，它是由法国天文学家乔凡尼 · 多美尼科 · 卡西尼在 1672 年首次发现的。随后，天文学家对“尼斯”的累计观测一直持续到 1982 年，但结果表明“尼斯”实际上是在碰巧的时间段出现在了恰好的位置上，它并不是金星的卫星。

地球的诞生

地球是太阳系八大行星之一，按照距离太阳由近及远的顺序排在第三位，它距离太阳约1.5亿千米。地球是名副其实的“老寿星”，大约在46亿年前，它就已经诞生了。地球是在太阳诞生之后诞生的，它起源于原始太阳星云，刚诞生的地球与现在的地球模样大不相同。地球就像一个不知疲倦的大陀螺，沿着自转轴自西向东不停地旋转着，它自转一圈的时间大约是24小时，为一天。同时它还要围绕着太阳公转，公转一圈的时间大约是365天，为一年。

现在的地球

地球的演化过程是漫长而神奇的。最初，它是由岩石的碎片聚合而成的，现在，它是孕育生命的大家园。现在的地球，从太空上看呈蓝色，就像一个大水球，海洋面积约占71%。地球为人类等各种生物提供了生存环境，如我们生存所必需的空气、水等各种资源，都是地球赋予的。同时，地球的旋转让世界不再单调，它区分了白天和黑夜，让地球有了春、夏、秋、冬的交替。

碰撞出的忠实伴侣

在地球身边，有一位忠实伴侣，40 多亿年来，一直围绕着地球回旋不息，从未离开，它便是月球。关于月球的起源，“分裂说”“同源说”“俘获说”这些假说一直不是很令人满意。20 世纪 80 年代初期提出的“大碰撞说”引起了人们关注：地球诞生不久，它遭受了一个大小和火星近似的天体的猛烈撞击，撞击的碎片聚集形成了月球。“大碰撞说”能解释更多的观测事实，是当前较合理的月球起源假说。

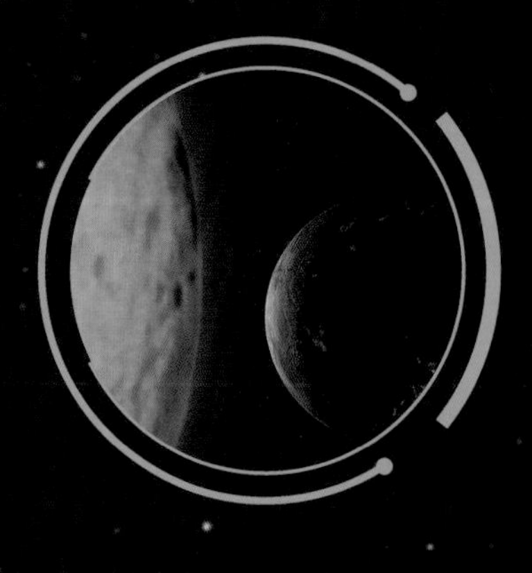

火球阶段

此时期地球拥有发生着氢原子核聚变的内核，它的表面与太阳有着相同的核聚变反应。地球的内核熔化了很多物质，形成了大面积的岩浆。在地球内核被撞击和挤压后，它的密度变大，引力变大，内核的能量也被成倍地释放出来，在这一阶段，地球完全成了一个“大火球”。

月球的结构

说到月球的“好朋友”，人们通常首先想到的就是太阳，的确，它们是一对忠诚的“使者”，分别在黑夜和白天给人们带来光亮。但其实，月球和地球的关系更“亲密”一些。月球是地球唯一的卫星（天然卫星），那么它们的结构是不是也一样呢？月球的结构与地球结构一样，是由月壳、月幔、月核等分层结构组成。

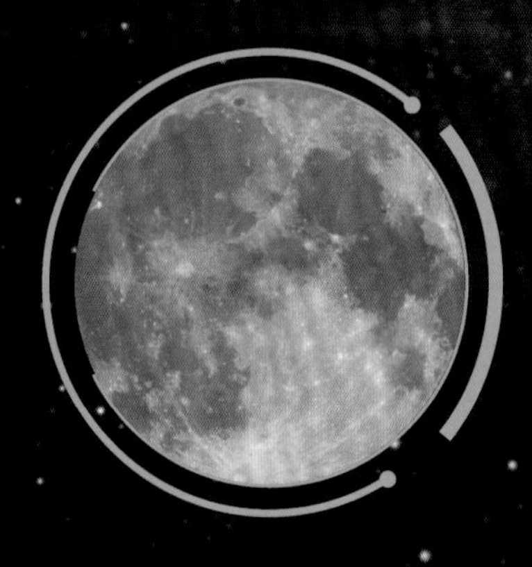

月球的亮度

月球亮度随日月间距和地月间距的改变而变化，满月时的视亮度为-12.7星等，比金星最亮时还亮2000倍。月球的反照率是12%，比地球的37%小很多，但因离地球近，所以成为地球夜空中最亮的天体。

月球与地震有关系吗

月球和地震真的有关系吗？近百年来科学家们一直为这个问题所困扰。如今，科学家经研究证实：月球引力影响海水的潮汐，在地壳发生异常变化积蓄大量能量之际，月球引力很可能是地球板块间发生地震的导火索。月球引力虽然只是导致地震发生因素的 1‰，但是它的影响却不容小觑。

月球的自转与公转周期相等，因此月球始终同一面朝向着地球。

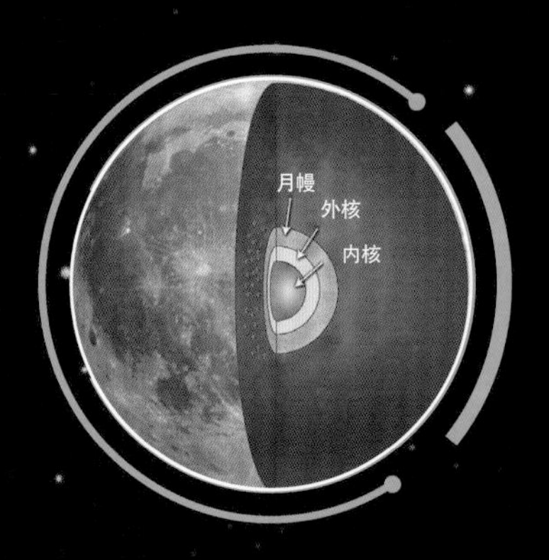

月壳、月幔、月核

月球和地球一样，由月壳、月幔、月核（分内核、外核）等分层结构组成。最外层是月壳，然后是月幔。月幔下面就是月核，月核温度约1000℃。

火星

火星是太阳系从内往外数，排在第四位的行星。当火星距离地球最近的时候也要在5000万千米以上，而火星距离地球最远的时候，它们之间的距离则约有4亿千米。通常情况下，火星和地球距离较近时是最适合在地球表面观测火星和登陆火星的时机。

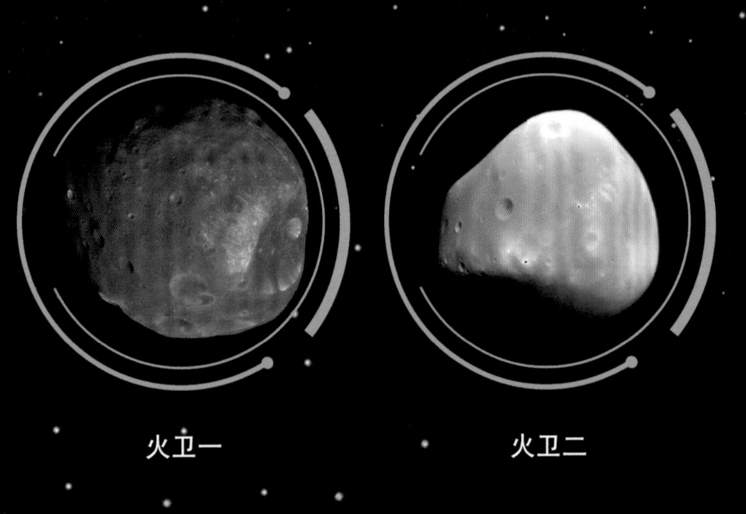

火卫一　　火卫二

火星的卫星

火星有两颗卫星，人们根据它们的大小分别把它们叫作火卫一和火卫二。火卫一的体积较大，距离火星很近，它和火星的距离是太阳系所有的卫星与其主星间距离最近的。火卫二的体积，相比于火卫一小了很多。

认识火星

火星的赤道半径是 3396 千米，为地球的 53%。体积是地球的 15%，质量是地球的 11%。火星是一颗类地行星，它的赤道与公转轨道的倾角为 25.19° ，和地球的黄赤交角近似，所以火星也有类似地球的四季现象。

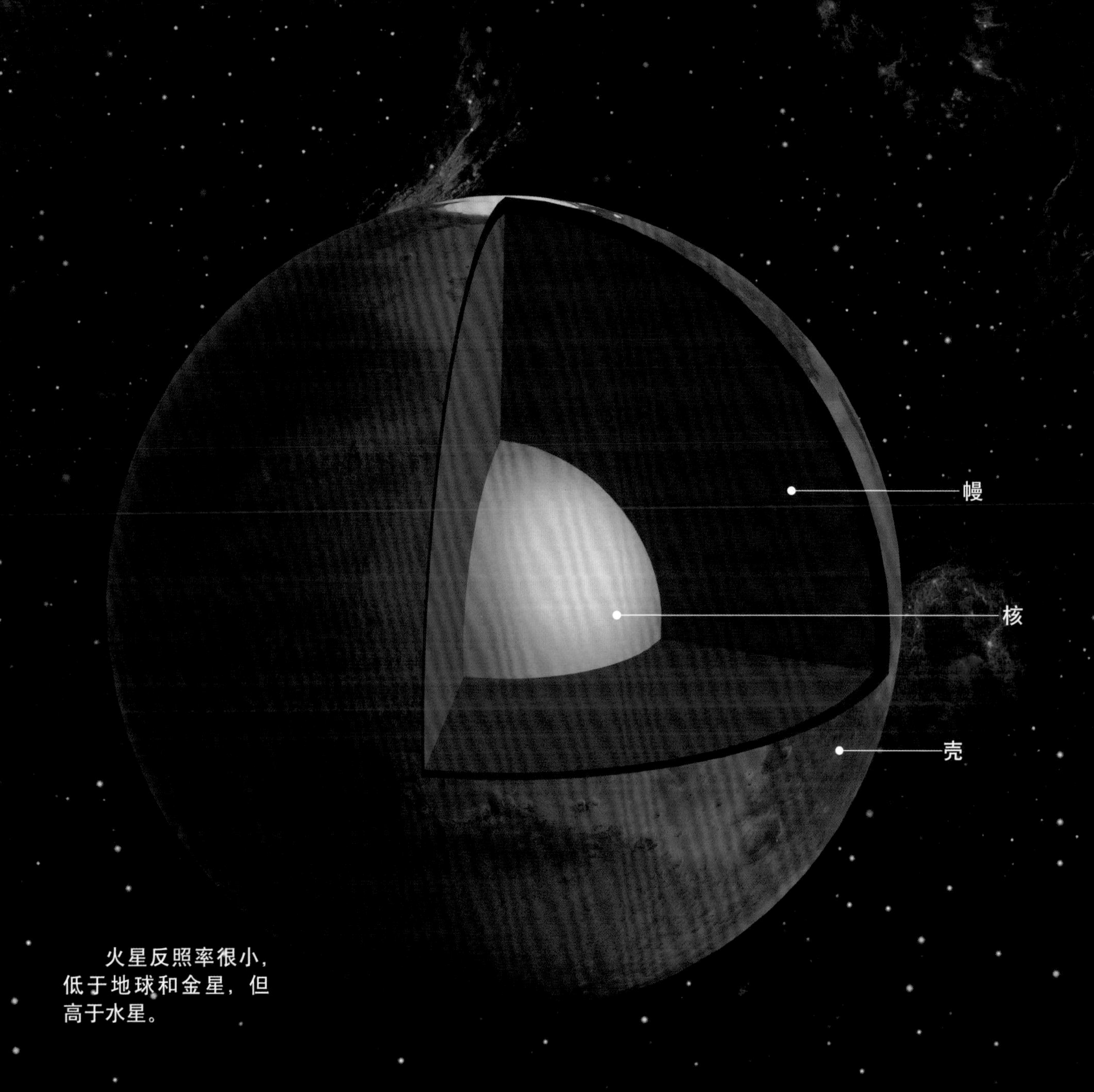

火星反照率很小，低于地球和金星，但高于水星。

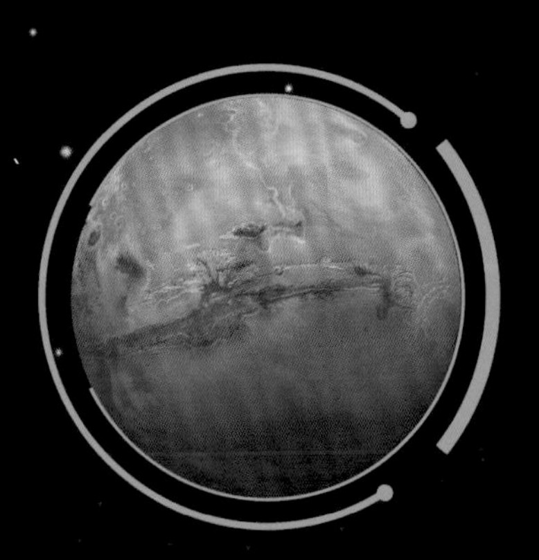

火星的四季

火星上面也有四季，只是它的每个季节的长度要比地球的长出约1倍。火星上的各季节的时间不一致，而且它的远日点接近北半球夏至，所以火星上北半球的春、夏各比秋、冬长约40天。

木星

说到太阳系家族中“身体”最“健壮”的兄长，那一定非木星莫属了，它在行星之中是个“保护伞”的形象，保护着身边的“兄弟姐妹”。之所以这样说，是因为木星是太阳系中体积最大的行星，它是距离太阳从近到远的第五颗行星。木星是一个气态的行星，它的大气中氢气和氦气的比例接近原始太阳星云的理论组成。木星表面有红色、褐色、白色等条纹图案，可以据此推断木星大气中的风向是平行于赤道方向的，因区域的不同而西风和东风交替吹，这是木星大气的一个明显的特征。

巨大的木星

木星在太阳系“大家族”中有着重要的地位，它是太阳系八大行星中体积最大的行星，赤道半径为71492千米，约为地球的11.2倍。质量是地球的318倍，超过除太阳外的太阳系其他天体质量的总和。虽然木星的体积巨大，但是它的平均密度却很低。

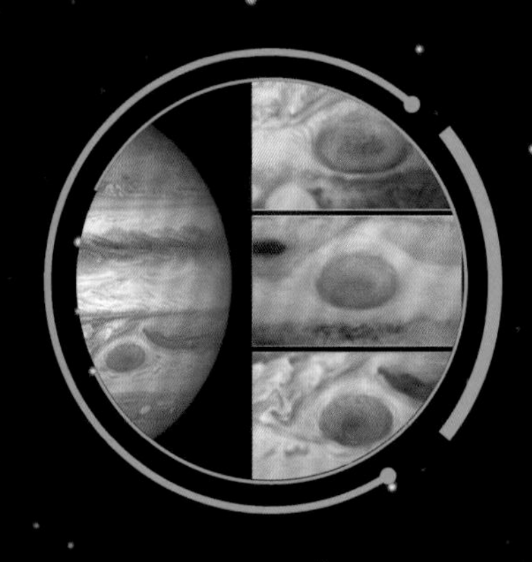

木星的大红斑

木星上有一块会动的“大红斑”，它艳丽的红色让人过目不忘，那是一团激烈上升的气流，呈深褐色。大红斑的宽度固定，约有14000千米，但长度在几年内就能从30000千米变到40000千米。

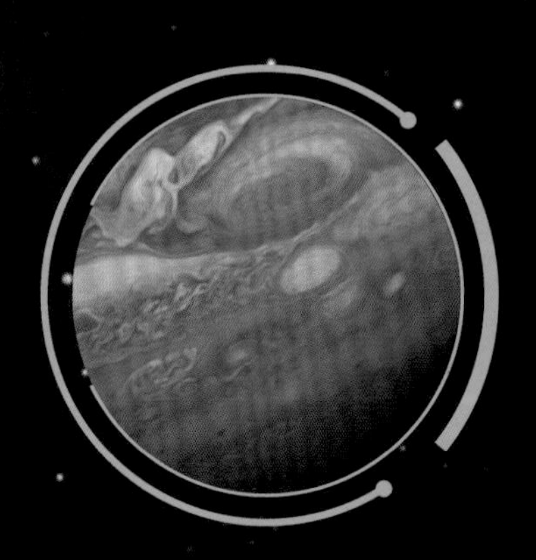

木星的大气

木星的大气厚达1000千米，但和巨大的体积相比，仍只能算是薄层。大气中氢气占89%、氦气占11%，还有极少的甲烷（wán）。

木星的卫星

太阳系的行星中，木星除了最大以外，它也是非常“富有”的一个，这主要表现在它的卫星数量上。如果说其他行星的卫星是一个“家庭”的话，那么木星的卫星就可以用一个“家族”来形容，到21世纪初，已发现木星的卫星有63颗。人们能够发现木星的卫星，主要得益于望远镜的发明。当1609年，伽利略第一次见到望远镜的时候，他很快就意识到要想更好地观测太空中的奥秘就需要高倍的望远镜，于是在1610年，他制造出了一台33倍的望远镜。

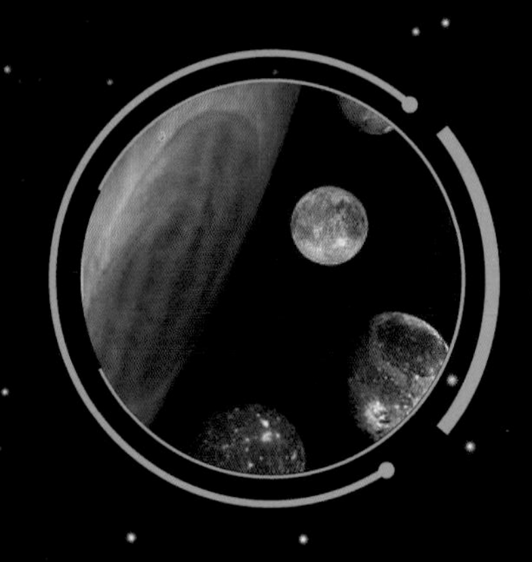

木星卫星的特性

木星卫星的物理和轨道特性差异很大，其中木卫三比水星还大。木卫四和木卫一虽然没有水星大，但是都比月球大。木卫二的表面是一层冰水圈，或许有某种形态的生命。

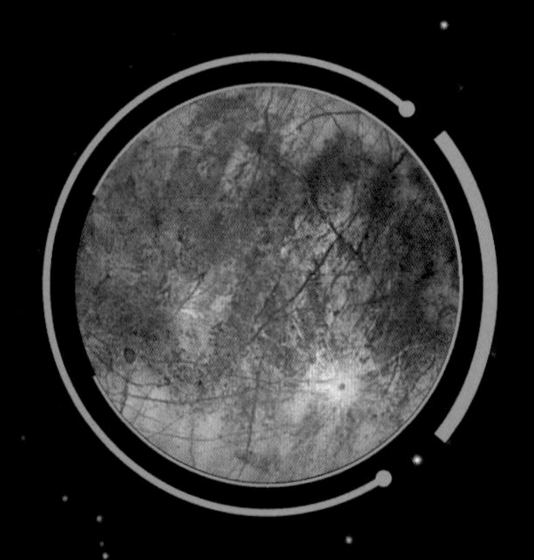

卫星的形成

人们认为木星的规则卫星是由类似原行星盘的气体及固体环形碎片盘形成的。根据模拟显示，每一代卫星都因为盘的阻力而渐渐堕入木星，而从太阳捕捉来的碎片则再形成新一代的卫星。

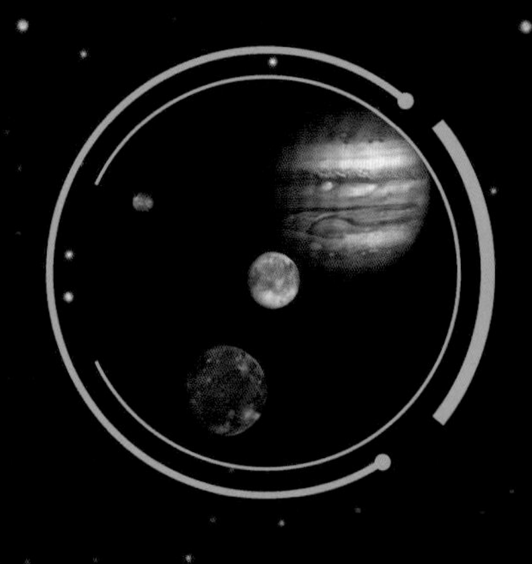

木星的卫星分群

木星的卫星数量如此之多，人们根据它们距离木星由近及远的顺序将它们分为三个群：最靠近木星的群是木卫五和四个伽利略卫星，它们顺行，属于规则卫星。其余的卫星都是不规则卫星，又可分为两群，其中木卫十三、木卫六等顺行，分为一群；而离木星最远的木卫十二、木卫十一等逆行，分为一群。

木星的卫星很多，但是每一颗卫星都有自己独特的地方，没有完全一样的卫星。

土星

在“兄长”木星之后，我们看到的便是太阳系第二大行星——土星，它是一颗类木行星。土星有一个十分显著的行星环，人们用望远镜就能观测到这个“光环”，这个“光环”的主要成分是冰的微粒和较少数的岩石残骸以及尘土。土星的风速高达1800千米/时，明显快于木星上的风速。天空中的各种天体，经常会给人们带来意料之外的惊喜，在2016年出现的罕见三星一线的天文现象就是最好的例子之一：土星、火星和天蝎座最亮的恒星“心宿二”，三者连成一条直线，景象十分壮观。

大白斑

土星赤道带附近经常有云气旋，名为大白斑，长度约 5000 千米，小于木星的大红斑。

认识土星

土星是类木行星，根据距离太阳由近及远的顺序土星排在第六位，体积仅次于木星。土星赤道半径60268千米，约为地球的9.4倍。质量约为地球的95倍。土星由于自转速率快，沿赤道带得见条带状云系。

表层大气

土星表层大气在赤道附近的运动速度比其在极点附近的运动速度快。

土星北极存在一个六边形旋涡像土星大气层中可见的其他云彩一样，在经度上没有移动，但多数天文学家认为六边形也许是一种新形态的极光。

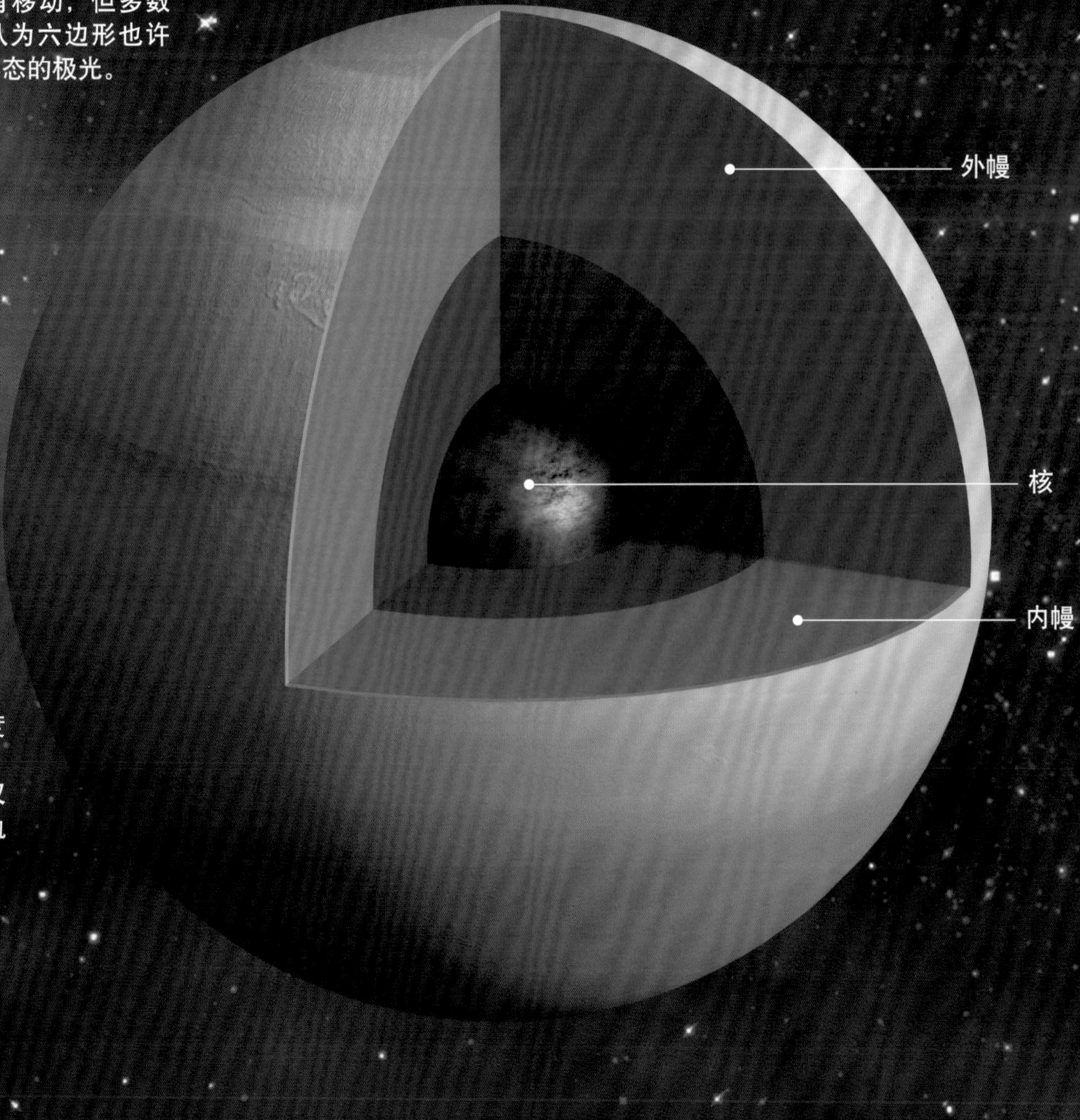

由于磁场强度远比木星的微弱，因此土星的磁层仅延伸至土卫六的轨道之外。

土星的光环

你也许会在电视上或者书上看到太阳系中的各个行星，但是你发现了吗？四个类木行星外观看上去与类地行星最显著的区别就是它们都像戴了一顶大草帽。这个草帽是什么呢？这其实是行星的光环，而在四颗戴着光环的行星中，土星的光环是最壮观和奇丽的。

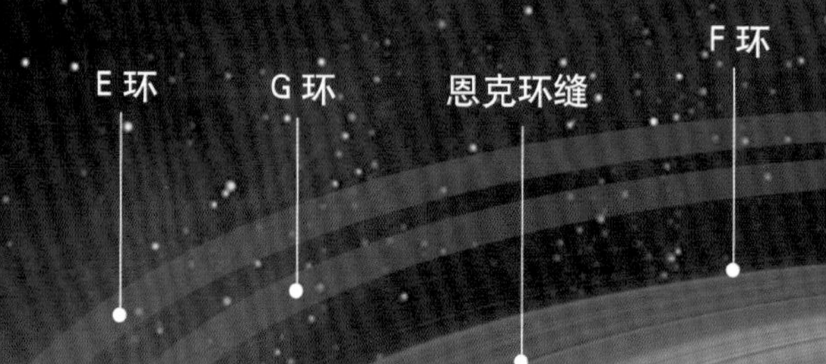

土星的光环

你知道土星有几个光环吗？在空间探测前，人们从地面观测得知土星有5个光环，其中三个主环是A环、B环和C环，和两个暗环D环、E环。在1979年9月，“先驱者”11号又探测到两个新环——F环和G环。光环之间还有环缝，是因为光环中有卫星运行，由卫星的引力造成的。

土星光环被发现

1610年天文学家伽利略在观测土星的球状本体的时候，发现土星“身边”有奇怪的附属物。到了1659年，荷兰学者惠更斯证实了那奇怪的附属物是离开本体的光环。1675年天文学家卡西尼发现土星环中间有一条暗缝，他猜测光环是由无数小颗粒构成的。

土星的四季

土星也有四季，只是每一季的时间长达 7 年多，因为距离太阳遥远，夏季也是极其寒冷的。

土星的卫星

作为太阳系中体积最大的两颗行星，木星和土星总会被人们放在一起比较。土星似乎总是很低调，在很多方面都仅次于木星，但是它又有自己的“个性”，在卫星家族中也是这样。土星的卫星数量目前是太阳系八大行星中最多的，但是土星的卫星并不能简单地以成分和密度归类划分，探测显示土星的卫星有复杂多样的特征。在土星的卫星当中，最靠近土星内侧的6颗都是小卫星，它们可能原本是大颗冰天体的碎片。此外，天文学家从“旅行者”号飞船发回的资料发现，除土卫六外土星的其他卫星都比较小，寒冷的表面上都有陨击的疤痕，就像是破裂了的鸡蛋壳。

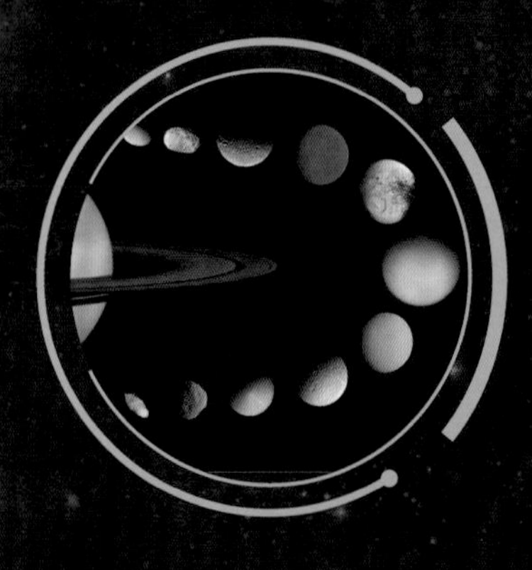

土星的卫星数量

土星的体积仅次于木星，但它的卫星数量最多。土星到底有多少颗卫星？这还是一个未被精确的数据，随着近年来观测技术的不断提高，截至2019年，人们已经发现的土星有82颗卫星。这些卫星形态各异、五花八门，其中53颗卫星已经被正式命名。

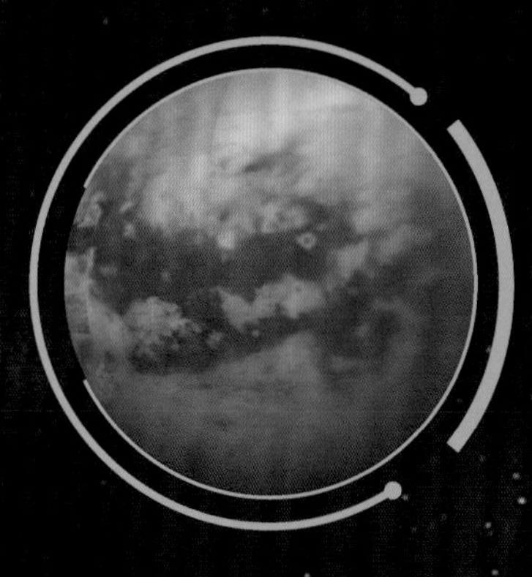

著名的“泰坦”

“泰坦”在希腊神话中，是一个巨人家族，它是土卫六的名字。“泰坦”是继伽利略卫星后被人类发现的第一颗土星卫星，一直以来备受关注，它的直径是5150千米，是太阳系中的第二大卫星，仅小于木卫三。“泰坦”是太阳系中唯一一颗真正拥有牢固永久大气层的卫星。

土卫一

土卫一是土星中最小且最靠近土星的一个。土卫一的自转和公转是同步的，所以它地月关系相似，总是以同一半球朝向土星。土卫一表面明亮，布满碗形的陨石坑，由于面重力小的缘故，所以陨石坑的深度较大。

土星有哪些卫星有同轨现象

土星的卫星总是会让人们有意料之外的发现，在庞大的土卫系统中还有几颗卫星同轨的奇特现象，如土卫十三、土卫十四就分别在土卫三前后各 60° 处，构成了两个正三角形。而有时土卫十、土卫十一会靠得很近，还有几颗卫星位于环内，这样的卫星同轨现象是造成土星光环结构复杂多变的原因之一。

天王星

在太阳系中，有一位非常调皮的“成员”，因为距离太阳较远，所以它总是偷懒似的不好好运动，你们猜到它是谁了吗？它就是天王星。天王星是太阳系由内向外的第七颗行星，它的体积在行星之中排行第三，质量排名是第四。天王星绕太阳公转一年大约要84个地球年，它与太阳的平均距离大约30亿千米。为什么说天王星“偷懒”呢？因为它的自转非常有趣，它的自转轴几乎“躺”在公转轨道平面上，因此看上去仿佛总是在躺着打滚。这种情况就导致了天王星上的昼夜、季节与地球上有很大的不同：天王星的北半球处于夏季的时候，它的北极几乎正对太阳，而整个南半球完全处于黑暗和寒冷之中。相反，当北半球处于冬季时，天王星的南极就差不多正对着太阳。

天王星的命名

由于赫歇耳是天王星的发现者，因此有天文学家建议将天王星称为赫歇耳来尊崇它的发现者。但是，德国天文学家波得赞成用希腊神话的乌拉诺斯来给这颗行星命名，它译成拉丁文的意思是天空之神，中文称为“天王星”。

最“冷”的行星

天王星几乎没有多少热量被放出，它的热辐射释放的总能量是大气层吸收自太阳能量的1.06倍。而天王星的热流量远低于地球内的热流量，在对流层的最低温度记录只有-224℃，因此天王星是太阳系最“冷”的行星，比海王星温度还要低。

天王星的成分构成

天王星主要由岩石与各种成分不同的水冰物质所组成。天王星的性质与木星、土星的地核部分比较接近，它没有类木行星包围在外面的巨大液态气体表面。

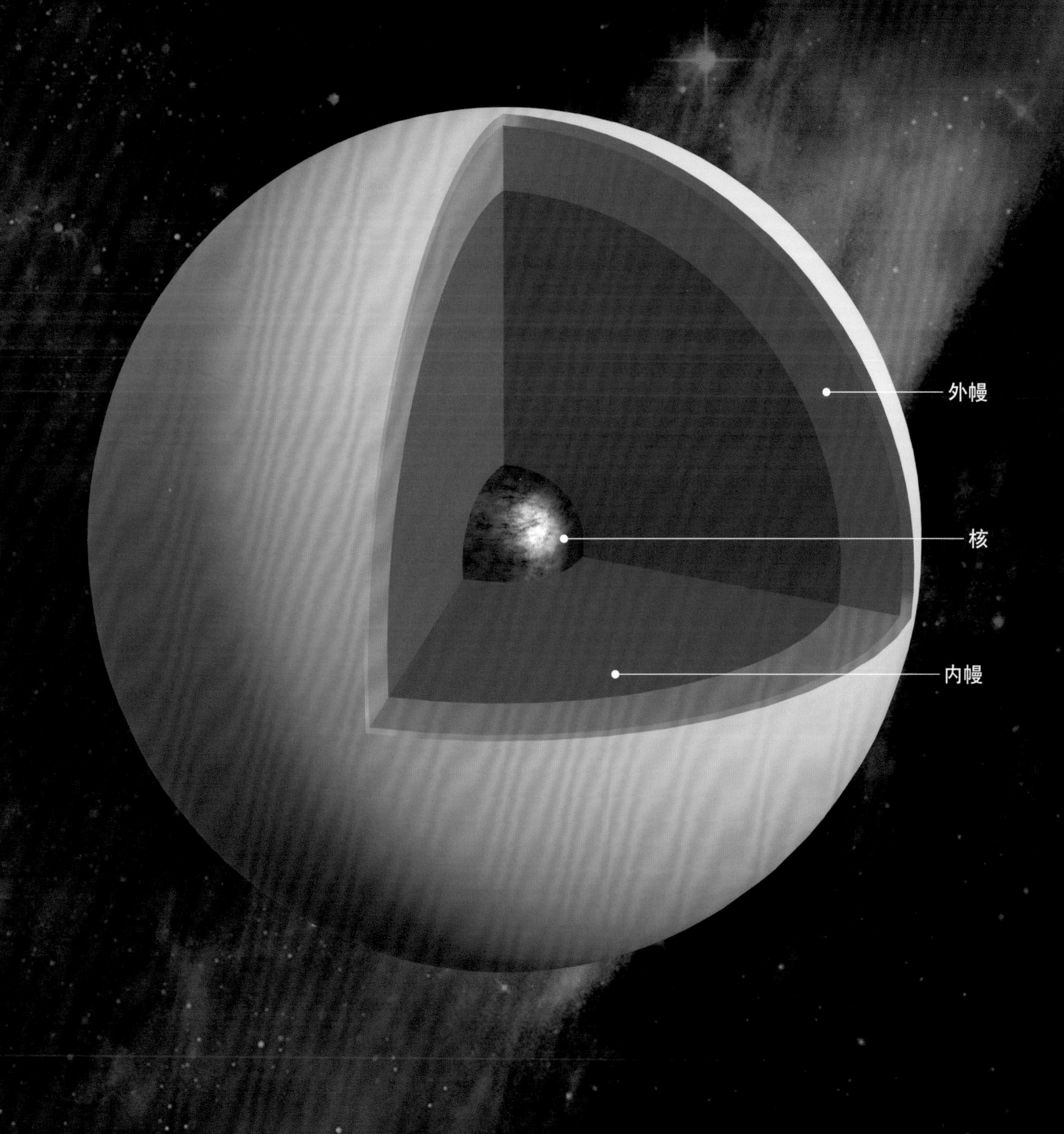

天王星的卫星

天王星的卫星家族规模算得上是“适中”，目前为止，人们已经确认天王星卫星有27颗。天王星拥有五颗主要卫星，它们相对而言都是暗天体，距离天王星从近到远排列分别是：天卫五、天卫一、天卫二、天卫三和天卫四。现代科学对于天王星五大卫星的形成有两种不同看法：一种说法是它们在吸积盘中形成，这个吸积盘形成后还在天王星的周围“停留”了一段时间；另一种说法是天王星早期受到过强烈的冲撞，进而形成了这五颗卫星。天王星已知拥有9颗不规则的卫星，这些不规则的卫星都很可能是在天王星形成后不久捕获的天体，天卫二十三是天王星已知的唯一一颗不规则顺行卫星。

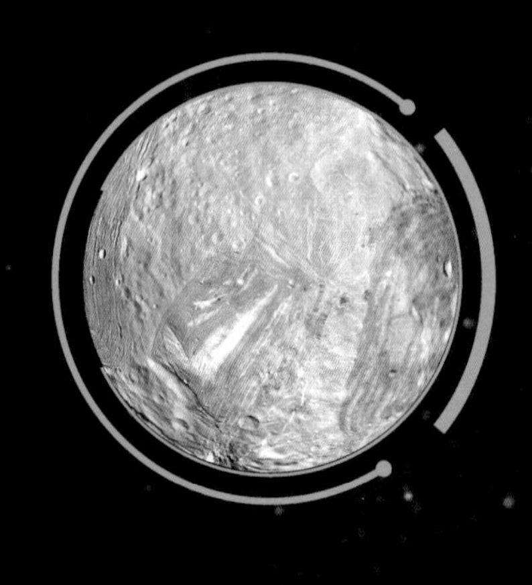

冰和岩石混合而成的卫星

在天王星的卫星中，天卫五是十分有趣的“一员”，它的表面是由众多的环形山和奇异的凹陷、山谷和悬崖组成。最有趣的是，它是由冰与岩石混合而成的，组成天卫五的冰的成分有可能包括二氧化碳。天卫五距离天王星非常近，但其轨道倾角却高达4.34°。

谁拥有质量最小的卫星系统

所有类木行星中，天王星卫星系统的质量是最小的一个，它5颗最大卫星的总质量还不到海卫一的一半。天王星最大的卫星是天卫三，它的半径不到月球的一半，但比土星第二大卫星土卫五稍大一些。

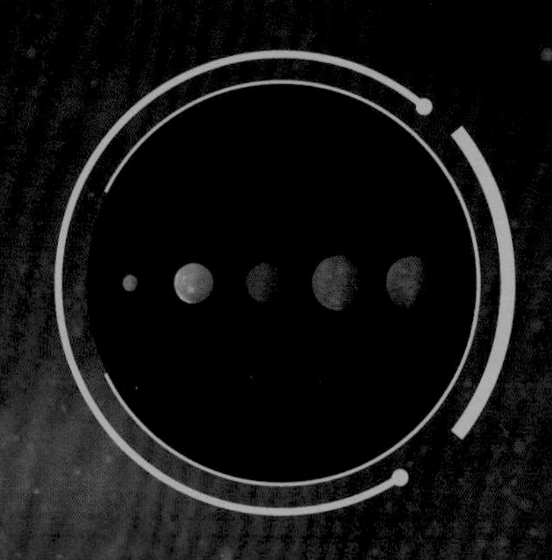

内卫星

截至2013年，人们已知天王星拥有13颗内卫星，这些卫星的轨道都位于天卫五的内侧。其中，天卫十五的直径有162千米，它是天王星最大的内卫星，它和天卫二十六也是距离天王星最远的内卫星。

海王星

太阳系中的远日行星就是海王星，它在八大行星中与太阳的距离最远，是质量第三大的行星。海王星通常被人们视为天王星的“姐妹”行星，它们在很多方面都有相似之处。海王星在直径和体积上比天王星小，但是它的质量却比天王星大。1846年9月23日，海王星被发现，它是唯一一个利用数学预测而非有计划地观测被发现的行星。天文学家利用天王星轨道的摄动推测出海王星的存在以及它可能存在的位置。人们对于海王星的近距离观测很少，目前为止只有美国的“旅行者”2号探测器曾经在1989年8月25日拜访过海王星。而现在，人们也正在研究可能进行的海王星探测任务。

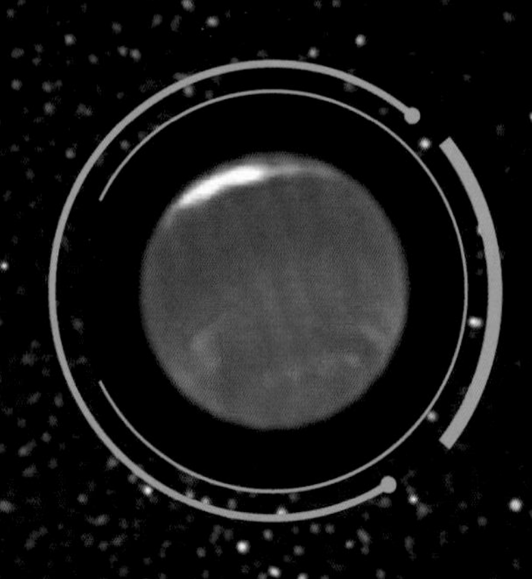

名字的由来

海王星的亮度非常低，只有在望远镜中才能看见它。由于它呈现深邃而低沉的蓝色，带着静谧的淡蓝色光芒，所以西方人以罗马神话中的海神“波塞冬”的名字来称呼它。而在中文里，人们把它译成海王星。

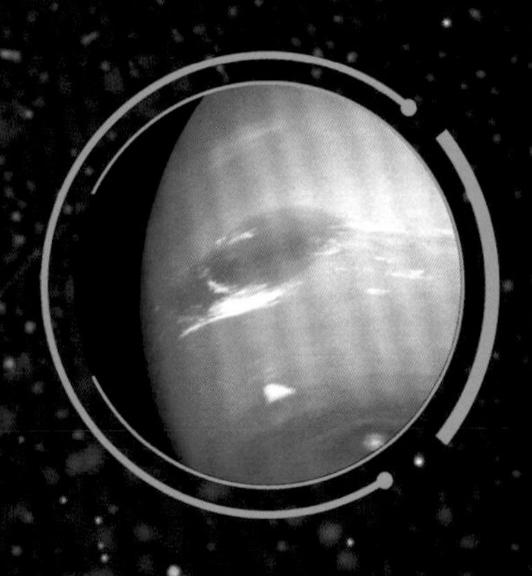

大黑斑

1989年，“旅行者” 2号航天器在海王星表面的南纬22°发现了海王星的“大黑斑”。那是类似木星大红斑及土星大白斑的蛋形漩涡，大约16天为一周期以逆时针方向旋转。然而1994年，哈勃空间望远镜观测发现大黑斑竟然不见了，几个月后又产生了一个新的大黑斑，这表明了海王星大气层变化的频繁。

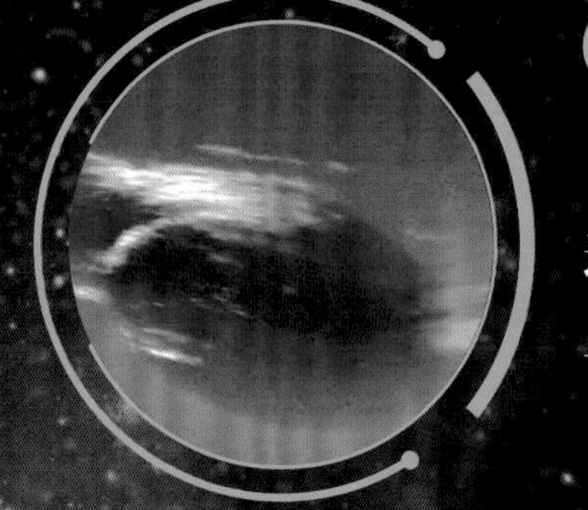

超强的风暴

海王星是太阳系类木行星中风暴最强的一个。人们曾经普遍认为行星离太阳越远，能驱动风暴的能量就越少，而海王星上的风暴反而很快。

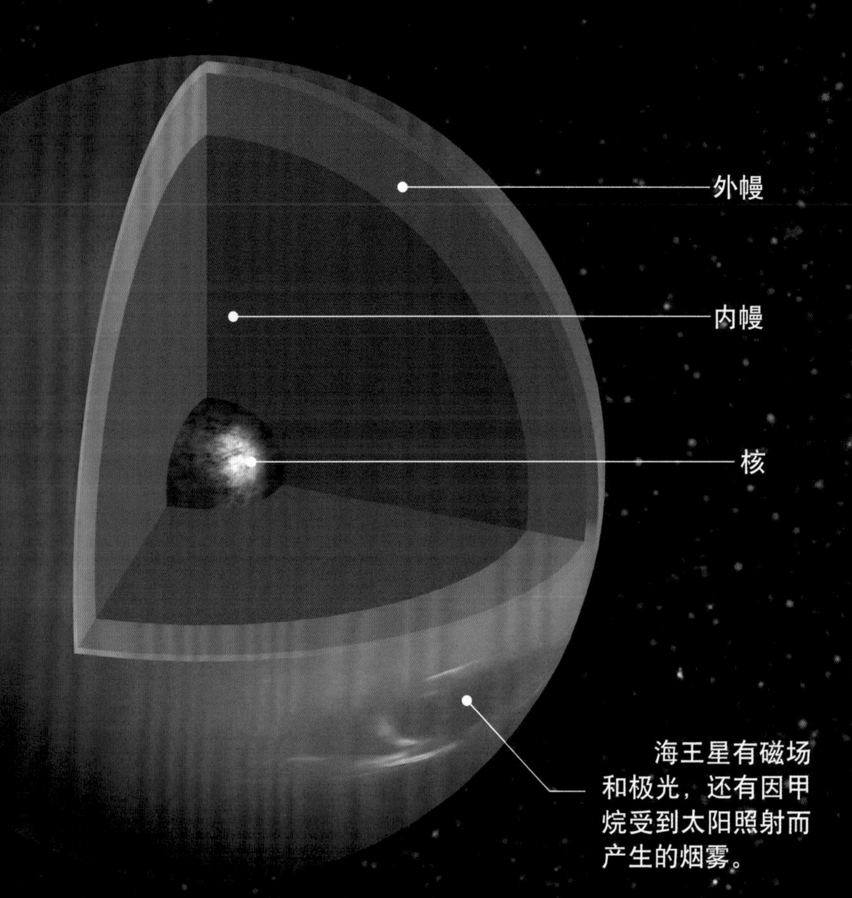

海王星有磁场和极光，还有因甲烷受到太阳照射而产生的烟雾。

谁是“外冷内热”的行星

由于海王星的轨道距离太阳很远，它能接受到的太阳热量也很少，因此它的大气层顶端的温度只有 −218℃。尽管如此，海王星却有一颗炽热的“内心”，它和大多数已知的行星一样，核心温度约为 7000℃。和天王星一样，海王星内部热量的来源仍然是未知状态。

海王星的卫星

尽管海王星的卫星暗淡得人们难以看见，但经过探测，人们还是发现了它的卫星家族。海王星的卫星简称“海卫”，名称是从海卫一至海卫十四。继海卫一和海卫二被发现以后，在1989年，“旅行者”2号掠过海王星的时候发现了6颗新的卫星，使海王星卫星的数目增至8颗。而在2002年和2003年发现了5颗新的不规则卫星，至此海王星的卫星家族已经“壮大”到13名成员。美国国家航空航天局2013年7月15日宣布，哈勃空间望远镜发现了海王星的第14颗卫星。它是目前已知的海王星卫星中最小的一颗，亮度比我们从地球上肉眼能看到的最暗的星星还要弱一亿倍。

最像行星的卫星

在海王星的卫星中，海卫一很特殊，它是最像行星的卫星。海卫一是四个有大气的卫星之一，它几乎具有一切行星的特征：它不仅有行星所有的天气现象，也具有类地行星的地貌和内部结构，它的极冠比火星

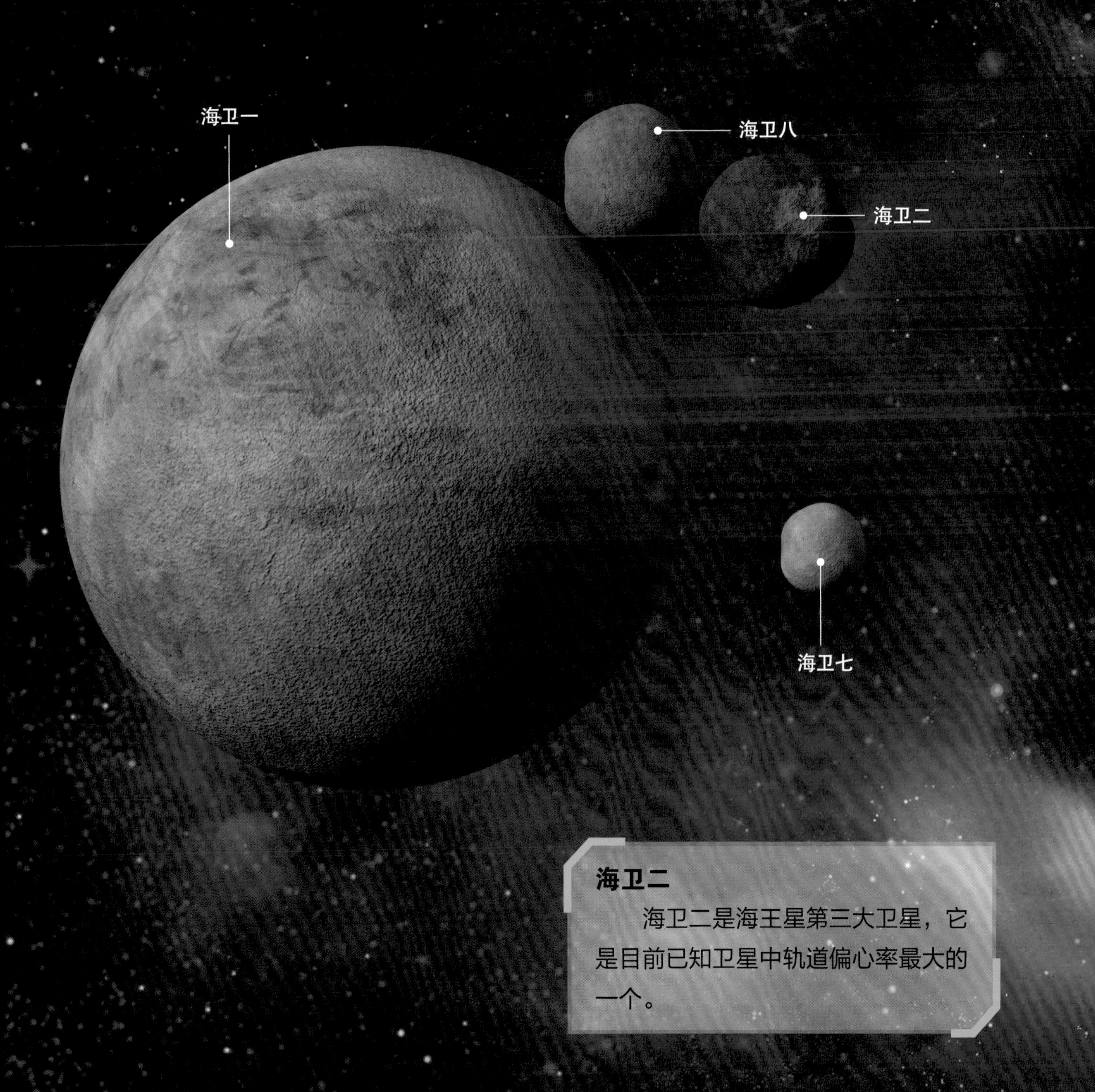

海卫二

海卫二是海王星第三大卫星，它是目前已知卫星中轨道偏心率最大的一个。

冥王星

柯伊伯带天体中，冥王星是第一个被发现的，它是太阳系内已知体积最大、质量第二大的矮行星。在直接围绕太阳运行的天体中，冥王星体积排名第九，质量排名第十。冥王星相对较小，它的质量仅为月球的1/6，体积仅是月球的1/3，和其他的柯伊伯带天体一样，冥王星主要由岩石和冰组成。在1930年克莱德 · 汤博发现了冥王星，并把它看作是第九大行星，冥王星也一直以这样的“身份”在行星家族生活了几十年。但在1992年以后，人们在柯伊伯带发现了一些质量能与冥王星“相提并论”的冰质天体，这些天体挑战了冥王星的行星地位。2005年被发现的阋神星甚至比冥王星的质量还要多出27%，因此2006年国际天文学联合会正式定义了行星的概念。

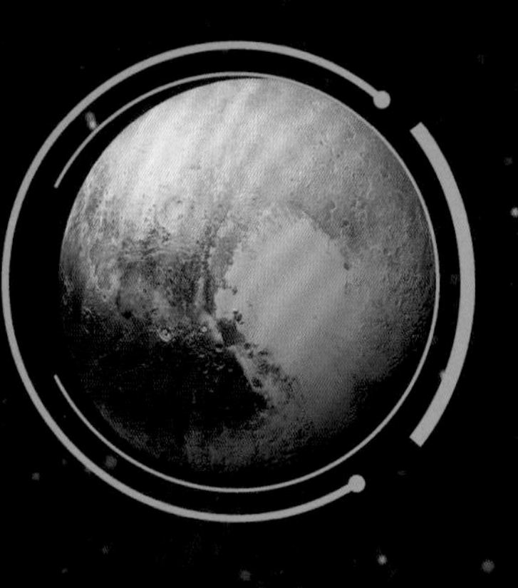

冥王星的“真实身份”

在1930年冥王星被发现时，当时估错了它的质量，以为冥王星比地球还要大，所以将它归为行星。但是，随着进一步地观测，发现它的直径只有2300千米，甚至比月球还要小。2006年8月24日下午，在第26届国际天文学联合会上通过决议，由天文学家以投票形式将冥王星划为矮行星，从行星之列中除名。

矮行星

冥王星最后被划分为矮行星家族之中，那么矮行星的定义是什么呢?矮行星也称“侏儒行星”，它是体积介于行星和小行星之间，围绕恒星运转、质量足以克服刚体力以达到球形的天体，并在轨道上没有清空其他天体，同时不是行星。因为冥王星没有清空所在轨道上其他天体的能力，所以它不符合行星的定义，是矮行星。

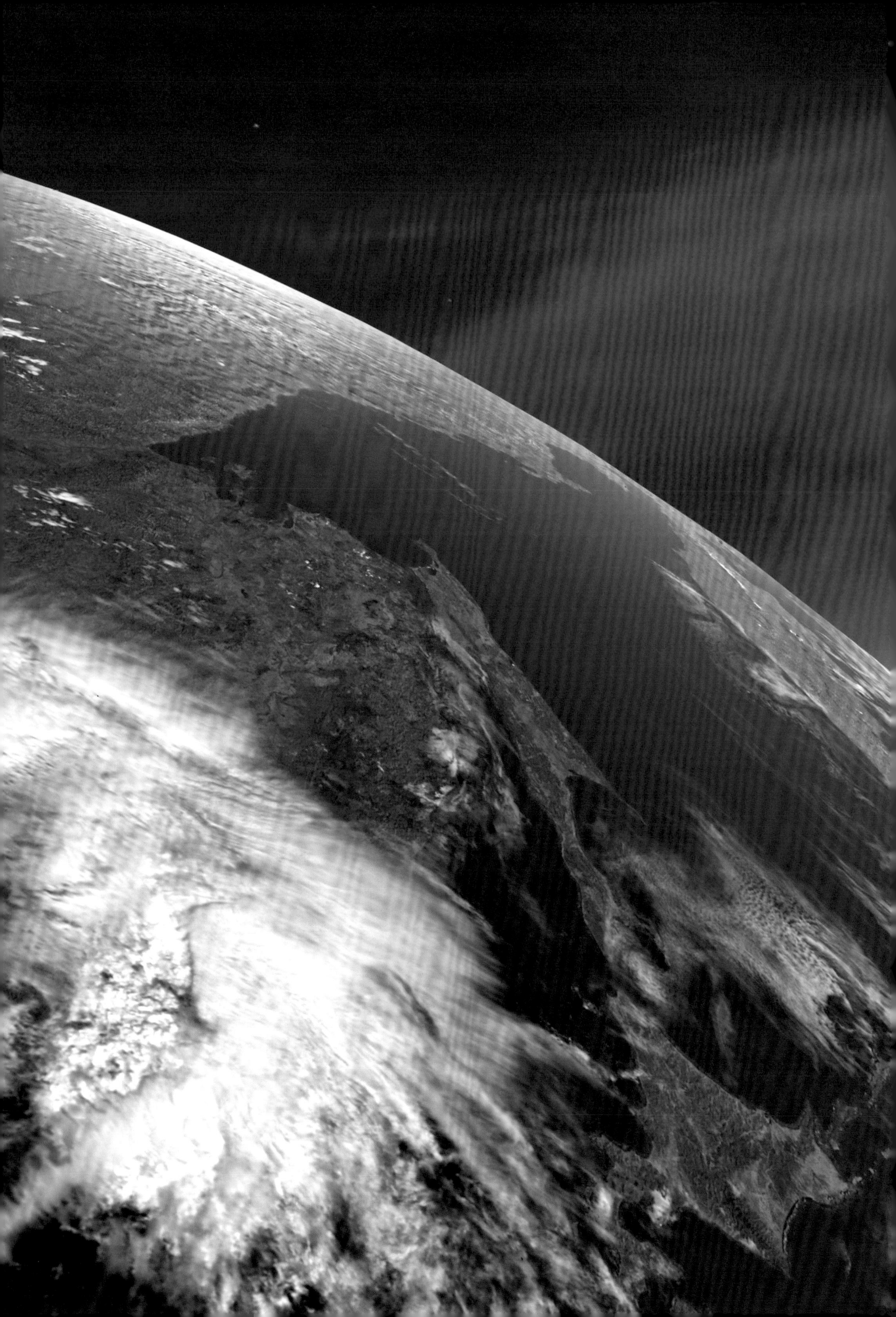

第三章

地　球

地球的结构

人们生活在地球表面，这里有河流山川、花草树木和各种风格迥异的建筑物。人们发明了各种交通工具，创造了不同地域的文化，使地球上的生活丰富多彩。地球得以承载万物，主要是因为它的内部能量非常巨大。地球的内部结构是三个同心圈层，这三个同心圈层的组成物质不同，它们按照由内到外的顺序依次被分化为地核、地幔、地壳。如果给地球内部结构做个生动形象的比喻，它就像一个鸡蛋，地核是最内部的蛋黄部分，地幔是中间的蛋白部分，地壳是最外面的蛋壳部分。

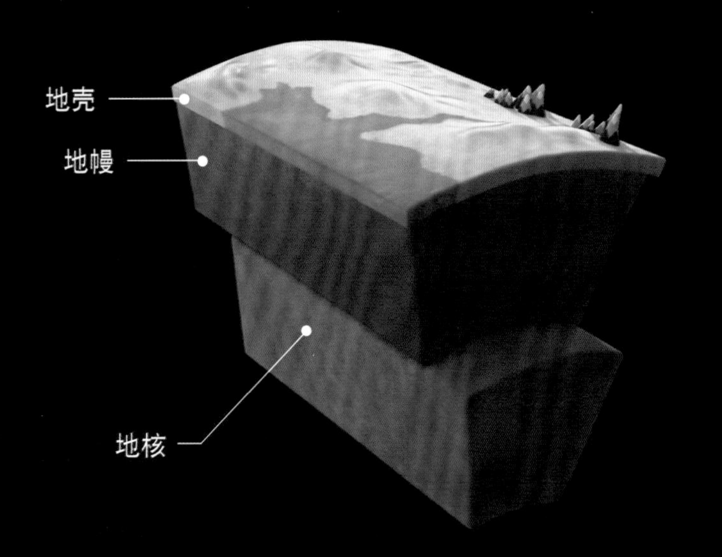

地幔

地幔是地球内部莫霍界面以下至古登堡界面之上的构造层。介于地壳与地核之间，厚度为 2883 千米，平均密度为 4.5 克 / 厘米 ^{3}，地幔质量为 4.0×10^{24} 千克，占地球总质量的 66.9%。

地核

地核是地球内部构造的中心层圈。地核质量占地球总质量的 31.5%，占地球体积的 16.2%。地核，又分为内核和外核。科学家推测，内核可能是固态的，主要是由铁－镍合金组成的，可能是在强烈高压下结晶的固体。而外核可能是液态的，主要是由铁、镍，以及轻元素（10% ~ 20%）组成的。

地壳是固体地球的最外层圈，它是地球承载动植物和人类生存的主要物质基地。
地壳
地幔
外核
内核
地壳可划分为大陆地壳和海洋地壳两部分。

地壳

地壳是指地球表面以下、莫霍界面以上圈层。地壳的厚度不均匀，它的变化规律是：地球大范围固体表面海拔越高，地壳越厚；海拔越低，地壳越薄。大陆区域地壳厚度较大，海洋区域地壳厚度较小。

地球外部圈层

地球以软流圈为界被分为内部和外部。地球的外部圈层可分为大气圈、水圈、岩石圈（固体地球）和生物圈四个部分，这些圈层围绕地球表面各自形成一个封闭的体系，它们有着各自的特点和表现形式，但又相互关联、相互影响、相互作用，共同促进地球外部的演化。

人类和其他有生命的群体生活在地球的外部圈层，外部圈层提供了生命生存的必要物质条件。地球外部的四大圈层是一个和谐的整体，它们之间的关系密切，有着广泛的物质能量的交换和传输，形成了各种自然现象和自然景观。

大气圈

大气圈又称“大气层”，是因重力关系而围绕地球的一层混合气体，它包围着海洋和陆地，是地球最外部的气体圈层。大气圈的气体主要有氮气、氧气、氩气，还有少量的二氧化碳和微量气体，这些混合的气体就是空气。大气圈按照从低到高的次序分为对流层、平流层、中间层、热层和外逸层。大气圈的最底层是对流层，距离地球表面最近。对流层中的大气受地球影响较大，云、雾、雨等现象都是在这一层发生的，水蒸气也几乎都在这一层存在。

岩石圈

岩石圈是由地壳和上地幔顶部组成的，相比于它下部的软流圈要坚硬一些。岩石圈的物质循环过程表现在地表形态的塑造上。现在我们看到的山脉、盆地、流水、冰川、风成地貌等，都是岩石圈的物质循环在地表留下的痕迹。岩石圈中有丰富的矿物资源，这些矿物既是构成地壳岩石的物质基础，也是人类生产和生活资料的重要来源。

生物圈

生物圈是地球特有的圈层，也是地球上最大的生态系统，它指的是地球上有生命活动影响的地区，是地球上所有生物与其环境的总和。生物圈是一个生命物质与非生命物质自我调节的系统，它的形成是生物界与大气圈、水圈及岩石圈长期相互作用的结果。

水圈的面积比例很大，它是最活跃的一个圈层。

水圈

水圈是地球外部结构中最活跃的一个圈层，也是一个连续不规则的圈层。水圈是指存在于地球表层和大气层中各种形态的水，包括液态、气态和固态的水。水是地球表面分布最广的物质，具有十分重要的作用，它是人类和动植物生存的必要条件之一。

地球运动——公转与自转

地球是目前人类已知的唯一存在生命的天体，世界万物在它的“怀抱”中得以繁衍生息。高山流水、花草树木、云雾雨雪、生物等现象，都是地球赋予我们的。地球上的生命，或运动，或静止，都拥有自己的生存方式。地球自诞生以来一直在运动着。地球运动主要是指地球公转和自转，它的运动遵循着不同的规律，也产生了不同的现象。地球的自转和公转产生了昼夜的交替和四季的更迭，这些现象由于纬度的不同，在南、北半球表现得正好相反。

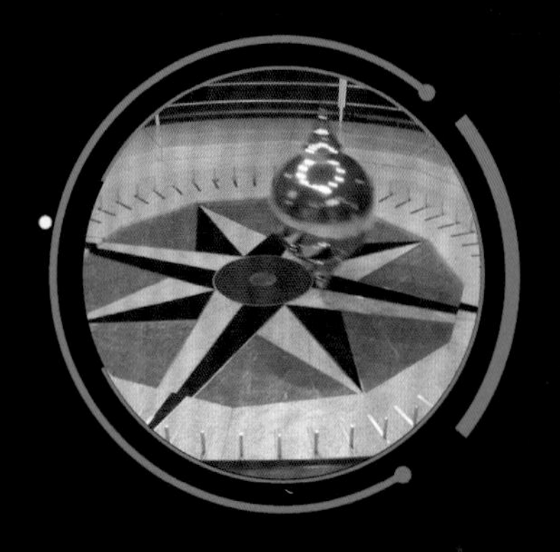

傅科摆

第一个用实验证明地球自转的人是傅科，他用傅科摆证明了地球在自转。

概念的猜想与提出

人们在很早的时候就对地球运动进行了研究，古希腊时期的费罗劳斯和海西塔斯等人曾提出过地球自转的猜想。1543 年，波兰著名的天文学家哥白尼在他的《天体运行论》一书中首先完整地提出了地球自转和公转的概念。这一概念的提出是极大的突破，它改变了人们最初对宇宙的认识，为后面的天文学研究做出了卓越的贡献。

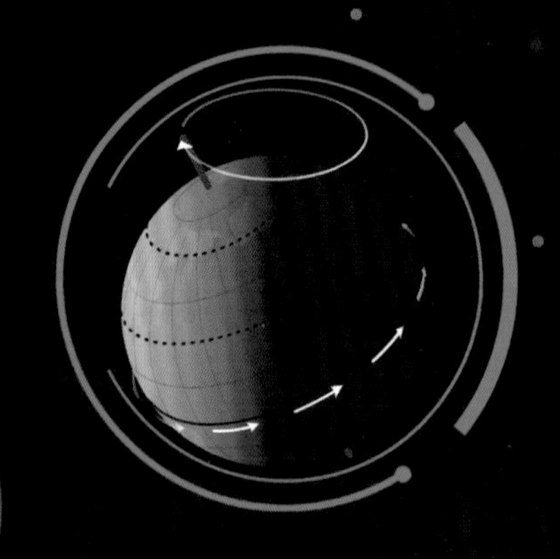

地球自转

地球自转是地球的一种重要运动形式，指的是地球绕自转轴自西向东的自行旋转。地球自转和公转是同时的，它自转一周耗时23小时56分4秒。

地球公转

地球公转指的是地球沿着一定轨道围绕太阳而转动，是由太阳引力场和地球自转作用导致的，有一定规律。地球公转是一种周期性的圆周运动，它的公转轨道是椭圆形的，公转的速度和地球与太阳的距离有关。当地球经过近日点时，公转速度快，这是一年中地球离太阳最近的时候 。

地球的四季

大地万物，尤其是人类，对温度的感知是很灵敏的。温度降低，人们会自觉地添加衣物；温度升高，人们会想办法避暑。由于地球公转，产生了四季的交替，温度也就出现了变化。一年四季指的是春、夏、秋、冬四个季节，每个季节时长约3个月，且有各自的特点。四季最明显的特征是各地区的气候差异较大，而且在同一地区的不同季节，气候也是不同的。地球上的生物，对季节的变化所表现出来的状态也是不一样的，如大树，在春季生根发芽，在夏季茁壮成长，在秋季枯叶凋落，在冬季雪压枝头。每个季节都有其独特的景致，不同的季节生长的花草树木和水果蔬菜都是不同的。在我国南方城市，四季的变化不是很明显，有些地方四季如春。但是在我国北方城市，特别是东北地区，四季变化十分明显。

春季

春季是一年中的第一个季节，在我国，人们常常把春季称为“万物复苏”的季节。自春季开始，天气逐渐变暖，大地褪去沉重的雪衣，河流水位逐渐上涨。在这时，植物开始发芽生枝，冬眠的动物苏醒，鸟类也开始了大规模的迁徙。春季是耕种的季节，农民们在这时去田间辛勤劳作。民间谚（yàn）语常说的“一年之计在于春”，体现了春季在人们心中的重要地位。

夏季

夏季是一年中气温最高的季节，大多数地区的夏季气候炎热，干旱缺水。但是，夏季也是降雨量最多的季节，常常上午晴空万里，下午大雨倾盆。夏季是农作物生长的最好时节，充足的光照和适宜的温度为植物的生长提供了必要条件。我国南方的夏季天气尤为炎热，最高气温有时可达40℃以上。

秋季

进入秋季，气温也在逐渐下降，生长了一个夏季的果实和农作物在这时已经成熟，有些更是迫不及待地自己从树上掉落下来。放眼望去，秋季是一片一片的金黄色，树叶不知什么时候被秋风染黄了，渐渐地从树上飘落下来，给大地披上了一条金毯。在我国古代诗词中，秋季的意象是荒凉萧瑟的，文人墨客常常用秋季的景象表达悲伤的情感。

冬季

冬季是最寒冷的季节，许多生物在冬季都减少了生命活动，一些动物还要依靠冬眠躲避严寒。冬季最特殊之处在于降雪，雪是固态的水，是水蒸气遇冷结晶的产物。我国北方，尤其是东北，时常降雪且雪量较大；而南方，几乎不降雪，降雪量也极少。冬季由于室外的温度低，大多数情况下雪不会立即融化，而是堆积在物体表面上。

本节内容以中国所在的北半球为例。

森林

森林是高密度树木的集中区域，素有“绿色宝库”之称。森林对二氧化碳下降、动物群落生存、调节水文湍（tuān）流和巩固土壤起着重要的作用，是构成地球生物圈的重要生态环境。森林占地球陆地面积的31%，但其面积正在缩小。

森林的特点

森林是生态系统的重要组成部分，它有很多“了不起”的特点。森林的生命周期长，因为它的主体成分是树木，大多数树木的寿命都在几十年以上，有的甚至可以生长成百上千年。森林自身具有生产力，是可以更新的资源，它具有很强的再生能力，能实现可持续利用。

大自然的“调度师”

森林是大自然最伟大的杰作之一，它不仅给陆地增添了绿意，还有着不可替代的重要价值。森林有助于改善人类的居住环境，树叶上的绒毛能吸附和过滤灰尘，减少有害粉尘。森林是大自然的“调度师”，它有效地调节了自然界中空气和水的循环，影响着气候的变化。

森林的“灾难”

森林是自然界中不可缺少的一部分，也是人们生活中默默无闻的“功臣”。但是，自从新石器时代，人们开始掌握了刀耕火种的技术以后，森林就在逐渐遭受着破坏，那时人们用木材取火、盖房。现在，人们毁林开荒、乱砍滥伐，使森林正在以惊人的速度减少。除此之外，酸雨也在严重侵蚀着森林，造成大片森林衰减，使森林中的树木失去更新和再生的能力。

海洋

海洋是地球表面被各大陆地分隔成彼此相通的广阔水域，它是“海”和“洋”的总称，约占地球表面积的71%。海洋中含有的水量约占地球总水量的97%，而可用于人类饮用的仅占2%。地球上海洋面积远远大于陆地面积，因此有人将地球称为“大水球”。海洋本身是地球表面最大的储热体，它是地球上决定气候发展的主要因素之一，它的海流是地球表面最大的热能传送带。

海洋的历史很悠久，很早以前人类就在海洋上旅行，从海洋中捕鱼，对海洋进行探索。在航空业发展之前，海洋是人们进行跨大陆运输和旅行的重要通道。现在，海洋对人们的观光出行、各大洲的经济贸易往来贡献依旧很大。

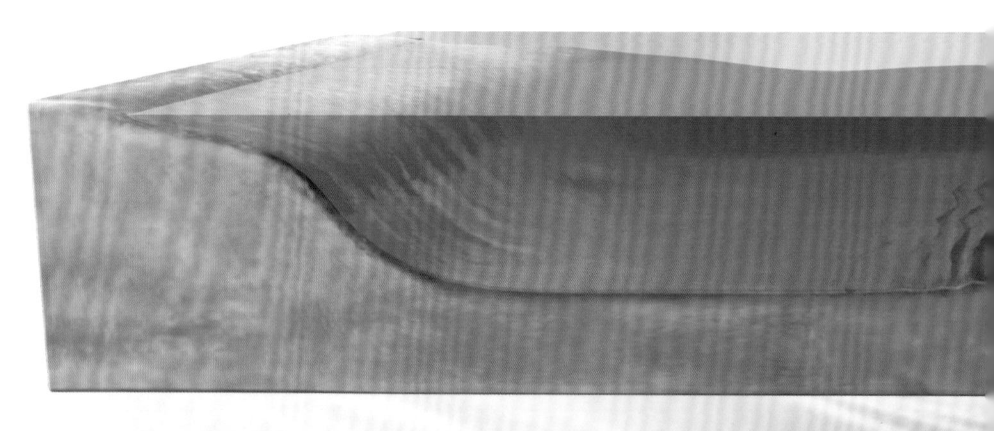

海和洋的区别

洋，是海洋的中心部分，是构成海洋的主体。世界大洋的总面积约占海洋面积的89%，它水深一般在3000米以上，最深处超过11000米。大洋离陆地遥远，不受陆地影响，水色蔚蓝，杂质很少。海，是海洋的边缘部分，附属于洋。海的面积约占海洋面积的11%，它水深比较浅，靠近陆地。它的水温、盐度和海水透明度都受陆地影响。

海洋会“发怒”

人们常说“水火无情”，海洋也是会“发怒”的。海洋灾害的种类非常多，而且往往是来得很急、很凶猛的突发性灾害。海洋灾害主要包括风暴潮灾害、巨浪灾害、海冰灾害、海啸灾害。海洋灾害会威胁海上、海岸上以及靠近的陆地上的人们的生命财产安全，会破坏自然界的生态系统。

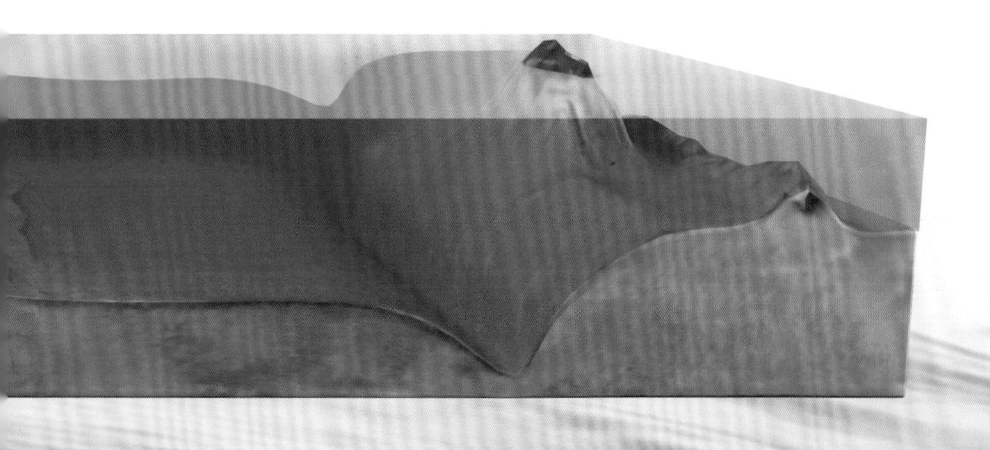

地球之心

海洋是地球的“心脏”，所以也被誉为“地球之心”。海洋有着丰富的生物资源，是人们所需蛋白质的提供基地。

湿地

湿地是指位于陆生生态系统和水生生态系统之间的过渡性地带，在土壤浸泡在水中的特定环境下，上面生长着很多具有湿地特征的植物。湿地面积只占地球表面的6%，但是却能为地球上1/5的已知物种提供生存环境。世界上面积最大的湿地是位于巴西、玻利维亚和巴拉圭交界处的潘塔纳尔湿地，面积达24.2万平方千米。

湿地是人类重要的生存环境之一，它和森林、海洋一起构成地球上的三大生态系统。湿地的类型多种多样，通常分为自然湿地和人工湿地两大类。自然湿地包括沼泽、湖泊、河流、海滩等；人工湿地主要指水稻田、水库、池塘等。

湿地的保护行动

在20世纪中后期，经济发展迅速，人们的不合理经济活动导致了很多湿地迅速消失。人们的这些活动中包括围湖、围海造田，直接减少了湿地的面积。在这样的破坏和影响下，包括我国在内的很多国家建立了“湿地保护公约”，已经着手开展对湿地的保护行动。从1997年起，将每年的2月2日定为“世界湿地日”。

“地球之肾”

湿地具有强大的沉积和净化作用，能溶解农业用水中的有毒物质，因此它有着“地球之肾”的美称。湿地中含有大量的水分，在水系统的生态循环中具有重要作用，能防止干旱和洪涝灾害。湿地中的物种十分丰富，富产各种鱼类、虾类、药材等，是极为重要的农业、渔业、牧业和副业资源。湿地中还有着丰富的矿产资源，是重要的油田分布区。

亚洲第一

我国的湿地面积占世界湿地面积的 1/10，位居亚洲第一位，世界第四位。在我国境内，湿地的分布十分广泛，常常一个地区内有多种湿地类型，且一种湿地类型又常常分布于多个地区。湿地上分布着多种多样的动植物，是我国生态系统的重要组成部分。

动植物的家园

湿地是富有生物多样性的生态系统之一，仅中国有记载的湿地植物就有2000多种，其中包括水松、李氏禾、中华水韭、水杉等，很多珍稀的植物已经被列为一级重点保护的湿地植物。湿地动物的种类也异常丰富，包括爬行类，两栖类等，最为丰富的就是鸟类。湿地的环境是各种鸟类栖息的理想家园，这其中包括了鹤类、雁鸭类、鸥类、鹳（guàn）类等。

仙人掌和骆驼

沙漠地区虽然很荒凉，但它并不是没有生命存在的不毛之地。沙漠中植物的分布比较稀疏，但是植物的种类有很多，最有代表性的就是仙人掌。仙人掌生命力顽强，喜欢强烈的光照，并且耐炎热和干旱，一场降雨就可以让它维持很长时间不需要水分。沙漠中的动物种类也较多，它们多数都是晚上出来活动。最大的沙漠动物是骆驼，它们能忍饥耐渴，将水分储存在驼峰之中，它们可以几天不喝水仍能在沙漠中长途跋涉。

沙漠

沙漠的全称是沙质荒漠，指的是陆地上完全被沙子覆盖、植物和雨水稀少、空气干燥的荒芜地区。沙漠地区多数是流沙或沙丘，泥土稀薄不肥沃，植物很少，甚至在一些盐滩上完全没有植物。沙漠是风积地貌，是在风力的搬运和堆积过程中形成的。地球上，陆地的1/3都是沙漠。因为沙漠地区雨水稀少，水分缺乏，所以人们常常觉得沙漠上是没有生命的，这也就是人们把沙漠叫作“荒漠”的原因。沙漠地区和陆地上其他地区相比，确实是荒凉了许多，放眼望去，是一望无垠的黄色。

陆地上的土地沙漠化是人们关注的焦点。沙漠地区面积的扩大意味着人们耕地面积的减少，这不利于生态系统的平衡，也不利于人类的发展生存。很多国家和地区已经采取措施控制土地沙漠化。

干燥的沙漠

沙漠地区通常天气晴朗、万里无云，但风力猛烈，最大风力可达到飓风程度。沙漠气候干燥，降水量稀少，有些沙漠地区的年降水量甚至不足10毫米。偶尔也会有大暴雨光临沙漠，但是沙漠的蒸发量很大，远远超过了降水量。

中国沙漠面积

中国沙漠总面积约70万平方千米，如果连同50多万平方千米的戈壁在内总面积为128万平方千米，占全国陆地总面积的13%。

有价值的自然景观

人们知道沙漠会造成扬沙和沙尘暴等天气，给人们的生活和出行造成不便。但沙漠是一种很有价值的自然景观，也有可以开发利用的一面。沙漠可以给人们提供许多可开发利用的资源，一些发达国家已经开发利用沙漠风能、光能和热能等气象资源，并取得了成功。

河流与湖泊

河流是指由一定区域内地表水和地下水补给，经常或者间歇地沿着狭长凹地流动的水流。河流是地球上水文循环的重要途径，是泥沙、盐类和化学元素等进入湖泊、海洋的重要通道。

湖泊是指承纳在湖盆中的水体。湖盆是地表相对封闭可蓄水的天然洼地，通过降水、地面径流、地下水和冰川融水等来源形成湖水，湖水存蓄在湖盆之中。地球上湖泊的总面积占陆地面积的1.4%，芬兰是湖泊最多的国家，拥有大小湖泊约18.8万个，因此被称为“千湖之国”。湖泊受周围环境以及入湖河流影响较大，汇入湖泊的河流携带大量的泥沙在湖内沉积，会导致湖盆变浅，最终成为陆地。

我国的河流与湖泊

我国河流湖泊众多，是世界上河流最多的国家之一。我国对于河流的称谓很多，较大的河流通常称为江、河，如长江、黄河等。我国共有湖泊24800多个，数量很大，但是分布得并不均匀。在我国的东部季风区，特别是长江中下游地区，分布着最大的淡水湖群，而西部青藏高原处集中地分布着咸水湖。

“多功能”的湖泊

湖泊是全球水资源的重要组成部分，它不仅能提供丰富的水产和轻工业原料，还是重要的旅游资源。湖泊的功能多种多样，它可以调节河川径流，有助于发展农业灌溉，还能提供工业用水和饮用水。湖泊四周都是陆地，它沟通了周围陆地的航运，带动了经济的发展。湖泊对区域气候的变化敏感，它能调节区域气候的变化，改善区域生态环境。

里海

里海虽然叫作“海”，但其实它是一个大的咸水湖，也是世界上面积最大的湖泊。因为里海的面积大，而且它的颜色、海滩等性质偏向于海洋，所以它被称为里海。里海是古地中海的一部分，曾经与地中海相连接。后来，由于大陆漂移的影响，导致里海与地中海分开而自成一个大的湖泊。因此，至今里海与地中海还有很多相似之处。

河流与湖泊有什么区别

河流具有流动性，它是陆地表面的线形的自然流动的水体。河流的源头一般在地势较高的地方，它顺势而下，最终流入湖泊或者海洋。湖泊是封闭性水域，它在地势低洼的湖盆中，周围被陆地包围。由于湖泊被四周的陆地所封闭，所以它不能像河流一样随着地势而流动，它的流动方向并不容易判断。

火山

火山是一种会喷发岩浆和多种物质的山体，是一种常见的地貌形态，是由固体的碎屑或熔岩流在它的喷出口堆积形成的。火山爆发的时间不是固定的，有时一年内常有爆发，有时几百上千年才会爆发一次。火山爆发很剧烈，会对山体及周围的环境产生巨大的影响。在它爆发时，会同时喷发出固体、液体、气体和光、电、磁等放射性物质，这些物质会对电子仪器产生干扰，致使附近的轮船、飞机等发生事故，有时也会导致人类丧命。

火山的破坏性

火山既是地球上的一道风景，也是人们不可控制的灾难。火山的喷发会导致大量火山灰和暴雨结合形成泥石流，冲毁道路、桥梁、房屋。甚至也会将人类淹没。火山爆发时喷出的火山灰和火山气体，会对气候造成极大的影响，同时也会破坏环境。

火山是怎样形成的

火山的历史非常悠久，它的形成是一系列的物理化学过程。在地球内部，存在着大量的放射性物质，这些物质在自然状态下衰变，产生巨大的热量。这些热量无法散发到地面，导致地球内部温度不断升高，直到把岩石熔化，形成高温熔化状态下的岩浆。当岩浆达到一定的温度时会冲破地壳喷出地面，喷发出的固体物质和熔岩流等液体在周围堆积，就形成了火山。

火山分类

按照活动情况划分，火山可以分为三种。第一种是活火山，它们在一定的周期内处于持续喷发的状态。第二种是死火山，它们在史前曾经喷发过，但已经丧失了活动能力。第三种是休眠火山，它们曾经喷发过，但是长期处于相对静止的状态。

但是这种分类没有严格的界限，不是一成不变的。休眠火山在不特定的时间内可能复苏，死火山也有“复活”的可能性。

岩浆分为原生岩浆和再生岩浆。

火山爆发的价值

火山爆发具有不固定性、不可控制性和巨大的破坏性，但它的爆发在某些方面也能给人们带来好处。火山灰覆盖到农田上，能让整片的土壤吸收养分，从而使土地更加肥沃。火山还能给人们带来地热资源。地热能是一种无污染的廉价新能源，被广泛地应用于人们的生活中。

生命大爆发
——前寒武纪与寒武纪

与浩瀚无垠的宇宙相比，生命显得极其渺小，但正因为有了生命的点缀，世界才充满生机。生命不是人类独有的，动物、植物都有生命，甚至人类肉眼看不见的细菌、真菌等微生物也拥有生命。那么，生命是从什么时候开始的呢？人类研究表明，早在38亿年前就有生物的出现，那时的生命进化漫长而低等。从地球诞生到6亿年前的这段漫长而缺少生命的时期被称为前寒武纪，这时出现了古生物。寒武纪是距今5.43亿~4.9亿年前的一段时期，它是现代生物的开始阶段，是地球上现代生命开始出现、发展的时期。寒武纪的开始，标志着地球进入了生物大繁荣的新阶段。

寒武纪生命大爆发

寒武纪生命大爆发被称为古生物学和地质学上的一大“悬案”，它一直困扰着自达尔文进化论以来的学术界。大约寒武纪开始时，绝大多数无脊椎生物在很短时间内几乎同时“突然”出现了，而在寒武纪之前更古老的地层中，却长期以来找不到动物化石。古生物学家将这一“爆炸”式生物增加的现象，称为“寒武纪生命大爆发”。

小壳动物群

前寒武纪的末期，出现了许多不同形态的动物，这些动物群统称为小壳动物群。

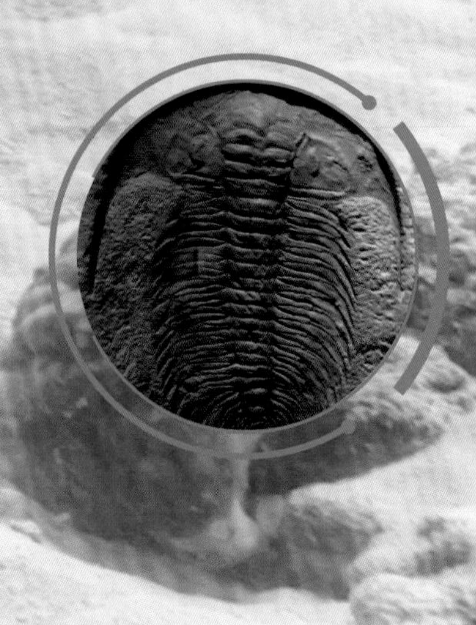

三叶虫的时代

在寒武纪开始后的短短数百万年时间里，包括现生动物几乎所有类群祖先在内的大量多细胞生物突然出现。带壳、有骨骼的海洋无脊椎生物趋于繁荣，它们大多是附着于植物或同类体表的底栖动物，以微小的海藻和有机质颗粒为食。在这之中，最繁盛的是节肢动物三叶虫，寒武纪岩石中保存有比其他类群丰富的矿化的三叶虫硬壳，因此寒武纪又被称为三叶虫的时代。

古生代第二纪——奥陶纪

奥陶纪是地质年代名称之一，是古生代寒武纪之后的第二个纪，约始于4.9亿年前，结束于 4.38亿年前。奥陶纪是地壳发展历史上大陆地区广泛遭受海侵的时代，也是火山活动和地壳运动比较剧烈的时代。奥陶纪海生生物空前发展，是海生无脊椎动物真正达到繁盛的时期，也是这些生物发生明显的生态分异时期。奥陶纪后期，各大陆上很多地区发生了重要的构造变动、岩浆活动和热变质作用，这些地区的褶（zhě）皱成为山系，从而在一定程度上改变了地壳构造和古地理轮廓。奥陶纪的时间计算跟现在不同，那时每天的时间为21个小时，而不是现在的每天24个小时。

奥陶纪的生物发展

奥陶纪气候温和，浅海广布，海生生物发展较寒武纪更为繁盛。在奥陶纪早期，首次出现了可靠的陆生脊椎动物——淡水无颚鱼。腕足动物在这一时期演化迅速，大部分的类群均已出现；鹦鹉螺进入繁盛时期，它们体型巨大，是奥陶纪海洋中凶猛的肉食性动物，处于食物链的顶端。

奥陶纪生物大灭绝

奥陶纪没有出现植物，陆地上没有任何动物，所有的动物都生活在海洋中。那时，海洋动物都悠闲地“享受”着生活，丝毫没有意识到即将来临的灾难。奥陶纪末的平凡的一天，一束来自6000光年以外的伽（gā）马射线穿透大气层，击中了地球。射线击穿了1/3的臭氧层，杀死了大量浮游生物，破坏了海洋食物链的基础，饥荒开始四处蔓延。这是地球上的第一次生物大灭绝事件。

极地气候

奥陶纪也是气候分化、冰川发育的时代。奥陶纪晚期，南大陆的西部发生了大规模的大陆冰盖和海冰沉积，所以那里的气候是寒冷的极地气候。

笔石时代——志留纪

志留纪是古生代的第三个纪，也是早古生代的最后一个纪，约始于4.38亿年前，结束于4.1亿年前。志留纪的名称源于威尔士地区一个古老部族。志留纪可分为早、中、晚三个世，一般来说，早志留世各地开始形成海侵，中志留世海侵达到顶峰，晚志留世各地有不同程度的海退和陆地上升，呈现出巨大的海侵旋回。志留纪晚期，地壳运动剧烈，古大西洋闭合，一些板块间发生碰撞，导致一些地槽褶皱升起。这时的古地理面貌变化巨大，大陆面积显著扩大，生物界也发生巨大演变，标志着地壳历史发展到了转折时期。

志留纪的矿产资源

志留纪是一个沉积矿产相对贫乏的时期，主要的沉积矿是北美地台上的克林顿沉积铁矿，美国铁矿的10%、盐矿的20%和少量的油气资源均来自志留纪地层。在我国秦岭地区，志留系中的小型藻煤已具开采价值。除此之外，志留系灰岩、白云岩是建筑材料和水泥的重要原料。

志留纪地层分布

志留纪地层在世界范围分布很广泛，当时的浅海海域广泛分布于亚洲、欧洲和北美洲的大部分地区，以及澳大利亚、南美洲的一部分地区。除非洲和南极洲个别小区域外，当时都为陆地。

志留纪的生物面貌

志留纪的无脊椎动物与奥陶纪生物关系密切，许多经历了奥陶纪灭绝事件的物种，进入了新的复苏阶段。笔石是志留纪海洋漂浮生物中最引人注目的一类，志留纪是笔石的时代。笔石以单笔石类为主，它分布广、演化快，同一物种在世界各地都有发现。根据笔石演化的阶段特征及特殊类型的地质历程，在地层对比中有独特的价值，志留纪分阶界线的确定主要依赖于笔石时代。

植物开始登陆

志留纪最重要的生物演化事件就是植物从水中开始向陆地发展，陆生植物首次出现。由于剧烈的造山运动，地球表面出现了很大的变化，海洋面积减少，陆地面积扩大。作为陆生高等植物的先驱，低等维管束植物开始出现并逐渐占领陆地。在这之中，裸蕨类和石松类是目前已知最早的陆生植物。

鱼类时代——泥盆纪

泥盆纪是古生代的第四个纪，约始于4.1亿年前，结束于3.54亿年前。1839年，英国地质学家塞奇威克和默奇森研究了德文郡的“老红砂岩”后，将它命名为泥盆纪，于这一时期形成的地层称为泥盆系。泥盆系的地层在纽约州发育得最好，这里层序完整，化石丰富。泥盆纪时期的气候是温暖的，化石记录说明北极地区在当时都处于温带气候。泥盆纪陆地上出现了最早的昆虫，还有一些淡水蛤类和蜗牛，由造礁珊瑚、海绵、棘皮动物、软体动物等组成的海洋无脊椎动物异常丰富。

泥盆纪植物的发展

泥盆纪时期，许多地区露出海面成为陆地，古地理面貌与早古生代相比有很大的变化。泥盆纪早期裸蕨类发展繁荣，有少量石松类植物，多为形态简单，个体较小的草本类型；中期裸蕨植物仍占优势，但原始的石松植物更发达，出现了原始的楔叶植物和真蕨植物；晚期裸蕨植物濒临灭亡，石松类继续繁盛，新的真蕨类和种子蕨类开始出现。

岩浆的侵袭

泥盆纪发生了一场地球史上第二次生物大灭绝，它使得地球上70%以上的海洋生物永远消失了。这次灾难的罪魁祸首是被称为“超级地幔柱”的岩浆，由于不明原因岩浆从西伯利亚地区喷涌而出，这导致附近的海水沸腾，烫死了成千上万的生物。岩浆中的有毒物质与海水发生化学反应，大量的动物因为无法呼吸而死亡。灾难发生的十万年后，岩浆还在继续喷发，新的灾难又接二连三地袭来。这场“超级地幔柱”灭绝事件，是地球史上持续时间最长的生物灭绝灾难。

泥盆纪的经济价值

泥盆纪具有重要的经济价值，世界古生代约 50% 以上的矿产存于泥盆系中，其中以磷（lín）矿、铀（yóu）矿、锰（měng）矿和铅、锌、锡等有色金属为主。由泥盆纪岩石风化和侵蚀形成的地貌构成了很多世界著名的旅游景点，如我国华南地区的喀斯特地貌、苏格兰沿海的海蚀地貌等。

鱼类时代

泥盆纪是地球生物界发生巨大变化的时期，这一时期的重大演化事件是生物由海洋向陆地大规模地进军。这一时期的脊椎动物飞跃发展，各种鱼类空前繁盛，颌类、甲胄鱼数量和种类增多，现代鱼类——硬骨鱼开始发展，因此，泥盆纪常被称为鱼类时代。最重要的是，由鱼类进化而来的两栖类登上陆地，这标志着脊椎动物开始脱离水体并最终征服了陆地。

巨虫时代——石炭纪

石炭纪是古生代的第五个纪，约始于3.54亿年前，结束于2.95亿年前。世界万物各有不同，我们所看到的，都是具有“现代化特征”的事物。如我们现在看到的各种动物，有些憨态可掬，有些凶猛威武，但这也许并不是它们最初的样子。你能想到吗，在石炭纪时期的巨型蜻蜓，翼展将近一米，是有史以来最大的昆虫，可是现在的蜻蜓，最大也不过20厘米。蜻蜓怎么变小了？其实，不只是蜻蜓，还有好多现在的动植物都不是原本的样子，它们是在漫长的演化过程中，为了适应不断变化的环境而进化成现在的样子。石炭纪盘古大陆主要由针叶林覆盖，树木产生大量的氧气，那时地球的氧含量的是现在的两倍多。这也促进了昆虫的进化，使得这一时期的昆虫都拥有巨大的体型，石炭纪也因此被称为巨虫时代。

石炭纪动物的演化

石炭纪陆生生物发展迅速，海生无脊椎动物也有所更新。生活在陆地上的昆虫，如蜻蜓类，是石炭纪突然崛起的一类陆生动物，它们的出现与当时茂盛的森林有关。石炭纪的海生无脊椎动物与泥盆纪比较起来，有了显著的变化，浮游动物中，出现了新兴的蜓（tíng）类。

石炭纪燃煤事件

石炭纪的陆地完全由森林覆盖，树木的枯枝形成了一层厚达30米的煤炭，遍布全球。那时岩浆活动剧烈，产生高温，高温穿过岩石直达煤炭层，煤炭开始燃烧。大火迅速蔓延，丛林中的动物无处可逃，大多被火烧死。一些昆虫虽然能飞，却失去了栖息地，最后筋疲力尽地掉进火海。这场大火使动植物遭到了重创，近一半的陆地几乎没有生命迹象，40%的物种因此灭绝。这场发生在石炭纪的生物大灭绝事件被称为石炭纪燃煤事件。

石炭纪植物的发展

石炭纪的气候温暖湿润，有利于植物的生长，是植物世界大繁盛的代表时期。随着陆地面积的扩大，陆生植物从滨海地带向大陆内部延伸，并得到空前的发展，形成大规模的森林和沼泽。石炭纪早期的裸子植物（如苏铁、松柏、银杏等）非常引人注目，但蕨类植物的数量最为丰富。可以说，今天地球上的煤炭资源如此丰富，与石炭纪植物界的空前发展密切相关。

爬行动物崛起——二叠纪

生物发展是漫长而多变的过程，每种生物的兴衰变化在各时期都是不同的，受多种条件的影响。二叠纪是古生代最后一个纪，约始于2.95亿年前，结束于2.5亿年前。这一时期陆地的面积进一步扩大，海洋范围缩小。自然地理环境的变化，促进了生物界的演化。二叠纪的英文名称源自俄罗斯的彼尔姆边疆区，其他语言的名称大同小异。中文为什么翻译为二叠纪？据说在德国的同年代地层中，上半层是白云质石灰岩（称为镁灰岩统），下半层是红色岩石（称为赤底统），这样不同的地层构成就是“二叠”，这一时期因此被称为二叠纪，其间形成的地层称为二叠系。

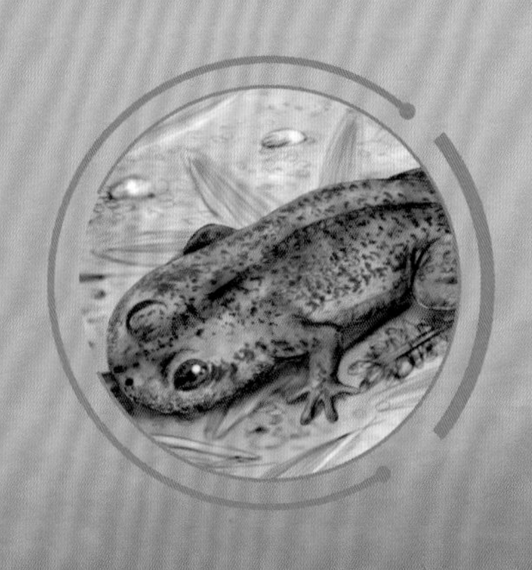

崛起与绝迹

二叠纪是生物的重要演化时期，海生生物和陆生生物都有相应的发展变化。二叠纪脊椎动物中的爬行动物逐渐崛起，爬行动物虽然出现在石炭纪，但首次大量繁盛发生在二叠纪，它们是现代爬行类、鸟类和哺乳类动物的“近亲”。无脊椎动物方面，曾“称霸”寒武纪，有3亿年历史的古老节肢动物三叶虫在二叠纪彻底绝迹。

二叠纪的矿产

二叠纪的矿产资源主要有岩盐、磷、铜、锰等。其中磷矿主要见于美国的蒙大拿州、俄罗斯的乌拉尔山脉，以及我国的江苏、浙江和福建等地。铜矿见于德国的含铜页岩中，我国西南地区也有与玄武岩关系密切的沉积铜矿。二叠纪还有石油和天然气资源，主要产于美国得克萨斯州等地。

二叠纪地理的历史

二叠纪时期的地壳运动较为活跃，世界范围内的许多地槽封闭并陆续地形成褶皱山系。这一时期，海面比较低，地球上所有板块逐渐拼接成一个联合大陆，被称为盘古大陆。二叠纪也是造山作用和火山活动广泛分布的时期，归属于海西造山运动晚期。北美阿巴拉契亚运动发生于二叠纪末，是当时最强烈的褶皱运动。

恐龙时代前的黎明——三叠纪

中生代的第一个纪是三叠纪，约始于2.5亿年前，结束于2.05亿年前，它的开始和结束各以一次灭绝事件为标志。由于三叠纪是以灭绝事件开始的，因此早期的生物分化很严重。这时期出现了六放珊瑚亚纲，第一种会飞的脊椎动物可能也是这个时期出现的。三叠纪末期，世界上最早的乌龟——原颚龟出现了，第一批鱼龙也“诞生”在这一时期。三叠纪晚期，恐龙已经是一个种类繁多的类群了，它们在当时的生态系统中占据了重要地位，因此，三叠纪也被称为“恐龙时代前的黎明”。

三叠纪的气候

科学家对代表三叠纪的经典红色砂岩进行了研究，结果表明，三叠纪的气候比较炎热干燥，没有任何冰川的迹象，那时的地球两极并没有陆地或覆盖的冰层。由于陆地的面积十分广阔，使得带湿气的海风无法进入内陆地区，在大陆的中部形成了一个面积广阔的沙漠。所以陆地上的气候相当干燥，一些不过分依赖水分繁殖的针叶树和较耐旱的蕨类品种因此取得了竞争优势。

动物的发展

三叠纪的海洋中无脊椎动物类群发生了重大变化，甲壳动物取代了腕足动物，六射珊瑚取代了四射珊瑚。这一时期的脊椎动物得到了进一步的发展，槽齿类爬行动物出现并发展出最早的恐龙。与此同时，从兽孔类爬行动物中演化出了最早的哺乳动物——似哺乳爬行动物。

大灭绝事件

三叠纪结束在一场灭绝事件中，但是引起灭绝事件发生的原因还不清楚。在这次事件中，海洋动物“损失惨重”，牙形石灭绝，除鱼龙外的所有海生爬行动物彻底消失。不过，这次灭绝事件在不同地方的影响是不一样的，有些地方几乎没有受到影响，有些地方的合弓纲动物和槽齿目动物均在这次事件中灭绝。

恐龙称霸时代——侏罗纪

侏罗纪约始于2.05亿年前，结束于1.37亿年前，在所有地质年代中，侏罗纪大概是最广为人知的一个。侏罗纪是中生代的第二个纪，在这一时期，地理环境变化显著，生物的发展演化十分引人注目。尽管当时有部分干旱地区，但绝大多数的盘古大陆都是郁郁葱葱的绿洲，繁盛的森林植被形成了如今澳大利亚和南极洲丰富的煤炭资源。侏罗纪生物的发展演化也大放异彩，这时的哺乳动物开始发展，无脊椎动物中的双壳类、腹足类、介形虫、昆虫类迅速发展。侏罗纪最重要的事件是恐龙成为陆地的统治者，鸟类也在这一时期出现。

恐龙成为统治者

恐龙虽然出现在三叠纪，但是它们真正“一枝独秀”处于“统治”地位却是在侏罗纪。侏罗纪早期，因为经历了三叠纪末期的大灭绝事件，所以各种动植物都处于“休养生息”的阶段，数量非常稀少。但恐龙却种类繁多、形态各异，除了陆地上身形巨大的迷惑龙、梁龙、腕龙等，水中的鱼龙和空中飞行的翼龙等也大量地发展和进化。侏罗纪是恐龙最鼎盛的时期，这时的其他生物仿佛都是配角，因此侏罗纪被称为恐龙称霸的时代。

始祖鸟

在侏罗纪生物演化过程中，一个重要的事件就是始祖鸟的出现。始祖鸟是介于有羽毛恐龙和鸟类之间的过渡物种，但是它曾被认为是最古老的鸟类代表。始祖鸟最特别的地方在于，它拥有与小型兽脚类恐龙相似的骨骼、牙齿和爪子，但是它也有与鸟类相似的特征，比如它有长着羽毛的翅膀和尾巴，也能在空中飞翔。

裸子植物

侏罗纪时裸子植物极盛，苏铁类和银杏类发展达到高峰，松柏类也占有重要地位。

恐龙灭绝——白垩纪

白垩纪是中生代最后一个纪，约始于1.37亿年前，结束于0.65亿年前，经历了8000万年，是显生宙最长的一个阶段。白垩纪时期大陆被海洋分开，地球变得温暖而干旱，开花植物、最大的恐龙在这时出现，许多新的恐龙种类涌现并发展。最初，陆地的“统治者”仍然是恐龙，天空是翼龙和鸟类的圣地，巨大的海生爬行动物“统领”着浅海。这样的景象持续了很久，最后却黯然结束在白垩纪末的灭绝事件中。

白垩纪的环境

白垩纪时期的海平面变化大，气候温暖，大面积的陆地被温暖的浅海覆盖。白垩纪中期，海洋底层流动缓慢，造成海洋缺氧环境。全球各地许多黑色页岩层就是在这样的环境下形成的，这些页岩是石油、天然气重要的来源。

植物的进化

白垩纪早期，以裸子植物为主的植物群依然繁茂，而这时被子植物也兴盛起来，并且它渐渐取代了裸子植物的优势地位。现在的被子植物群都是从那时延续至今的。这些被子植物为昆虫、鸟类、哺乳类动物提供了大量的食物，使它们得以繁衍。

恐龙灭绝事件

剧烈的地壳运动和海陆变迁，导致了白垩纪生物界发生巨大变化，许多盛行和优势的门类，如裸子植物、菊石等，相继走向衰落和灭绝。白垩纪末期的灭绝事件是地质年代中最严重的大规模灭绝事件之一，大部分物种在此灭亡，在地球上生存了 1 亿多年，曾“称霸”侏罗纪的恐龙家族也在这次灭绝事件中彻底消失了。关于这次事件的原因，有说法是一颗巨大的小行星撞击地球造成的，但是这一说法仍存在争议。

哺乳动物的繁盛——古近纪

生物经历了漫长的发展，终于迎来了新生代。这里所说的“新生代”是地质年代，古近纪就是新生代的第一个纪，约始于6500万年前，结束于2330万年前。古近纪旧称早第三纪、老第三纪，它原意是指近代生物的发生和启蒙时期，包括古新世、始新世和渐新世。随着白垩纪的结束，这一时期气候有了显著变化，给生物发展带来了转机，早白垩世出现的被子植物在古近纪极度繁荣，整体的植物群面貌有了较大的改观；草类和显花植物也逐渐发展，给动物界的繁荣提供了必要条件。古近纪动物的基本特点是哺乳动物的迅速发展演化，种类和数量的剧增。这一时期，除了适应陆地生活的动物外，还出现了天空飞翔的蝙蝠类和重新适应海洋生活的鲸类。

哺乳动物的繁盛

古近纪是哺乳动物进化史上一个重要的繁衍时期，晚白垩纪时哺乳动物只有10个科，到古新世时却猛增到40多个科。这些哺乳动物不仅有白垩纪已有的多瘤齿兽目、食虫目等，更重要的是各种古老和土著类型的有胎盘类动物大量发展和分化。它们绝大部分与现代的哺乳动物各目都没有直接的关系，许多种类是为了适应环境而进化的。

沉积的矿产

古近纪的沉积环境多样化，沉积物中蕴藏的资源十分丰富，主要有石油、煤、天然气和各种盐类。由于古近纪有大量动物遗体的堆积，所以不论是海相地层还是陆相地层都有石油的存在。古近纪也是重要的成煤时期，干旱带是盐类富集的场所，这一时期的盐类沉积主要有石膏、岩盐、芒硝（xiāo）、天然碱和钾盐等。

古近纪的地理特点

海底扩张、古陆分离等因素，对世界上整个地质构造格局和古地理环境产生了重大的影响。古近纪时，特提斯海也就是古地中海最终消失，亚洲大陆形成，青藏高原升起，阿尔卑斯山、喜马拉雅山、落基山和安第斯山等现代山系相继形成。

晚第三纪——新近纪

生命的演化就是一个不断更迭的过程，经历了几次大灭绝之后，生物的种类开始空前繁荣，这是一个新时期的到来。在这一时期中，陆地变得更加“立体”了，动植物群落的发展开始走向现代化，这就是新近纪的景象。新近纪约始于2330万年前，结束于260万年前。新近纪是新生代的第二纪，曾经被叫作第三纪的一个亚纪。这一时期的生物界总体面貌已经与现代更为接近，是哺乳动物和被子植物高度发展的时代。新近纪的植物界，高等植物区系与现在几乎没差别，低等植物中的淡水硅藻较为常见。哺乳动物有了新的发展，主要的特征就是体型增大。

新近纪生物的发展

这一时期的无脊椎动物中大量属种是现生的，早第三纪特有的货币虫已经完全灭绝。各种海洋中的原生动物，如有孔虫、放射虫等极为繁盛，这在海相地层的划分中起到了重要的作用。哺乳动物中，早第三纪的特征门类，如有袋类、肉齿类，奇蹄目和偶蹄目中的一些种类，只有少数残存至中新世初期，其余的都相继灭绝，取而代之的是长鼻目、肉食目、反刍动物和啮齿目、兔形目中的大量种属。

地质的变化

在新近纪时期，全球的海洋和陆地的轮廓已经与现今非常接近，从整体来看，海洋所占面积较大，陆地所占面积较小。新近纪也是山脉形成的重要时期，现在地球上海拔较高的山脉几乎都是这一时期形成的，如欧洲的阿尔卑斯山，亚洲的喜马拉雅山等。

气候、生物与矿产

新近纪的气候较冷，许多热带植物被落叶森林和草地取代，促进了食草动物的进化，创造了现在许多的食草动物，如马、野牛和羚羊等。这一时期最主要的矿产是石油和天然气，除此之外，还有褐煤、残积型铁矿、锰矿和硅藻土矿等。

人类迅速发展——第四纪

我们现在所看到的山川平原、江河湖海、花草树木以及各种动物，都是生命演化的“最新形式”，这漫长的过程并没有结束，只是人们的智慧让世界万物变得更加多姿多彩。生命演化的最后一个时期，是从约260万年前开始的，一直持续到现在，这就是新生代中最新的一个纪——第四纪。第四纪分为更新世和全新世。这一时期的生物界已经进化到现代面貌，陆地和海洋也在这时分化和形成得更加明显。可以说，我们现在就生活在第四纪，每一天的变化都是生命演化的“实时更新”，我们无法预知生命演化的最终结果，也无法控制自然界的变化无常，但是我们要从自身做起，保护我们现在生活的环境，与自然和谐相处。

地理环境

在第四纪时期，地震和火山的“活动”极为活跃，这时的构造运动属于新构造运动，陆地上新的造山带是新构造运动最剧烈的地区，地震和火山是新构造运动的表现形式。这一时期，由于气候的变化和地壳运动等原因，引起了海平面的升降。第四纪大冰川期，是地球史上最近一次大冰川期。

生物的发展

第四纪生物与第三纪相比，在组成和分布上发生了明显的变化。哺乳动物几乎都是新生的种类，在欧洲及邻近的亚洲部分现生的119种哺乳动物中只有6种在上新世生存过。在第四纪冰川时期，随着大陆冰盖的扩展和移动，动植物也开始了迁移的“旅程”，开始广泛分布。

人类的出现

第四纪动植物已经发展得十分成熟，这时候重要角色出现了，那就是人类。距今200万年前，在东非的坦桑尼亚出现的能人，可能是早期的直立猿（yuán）人，后来他们逐渐扩散到中国、爪哇，最著名的代表就是北京猿人和爪哇猿人。在更新世晚期，现代人类进入北美洲并逐渐向南迁移。而进入全新世后，现代人分布到除南极洲外的各个大陆。

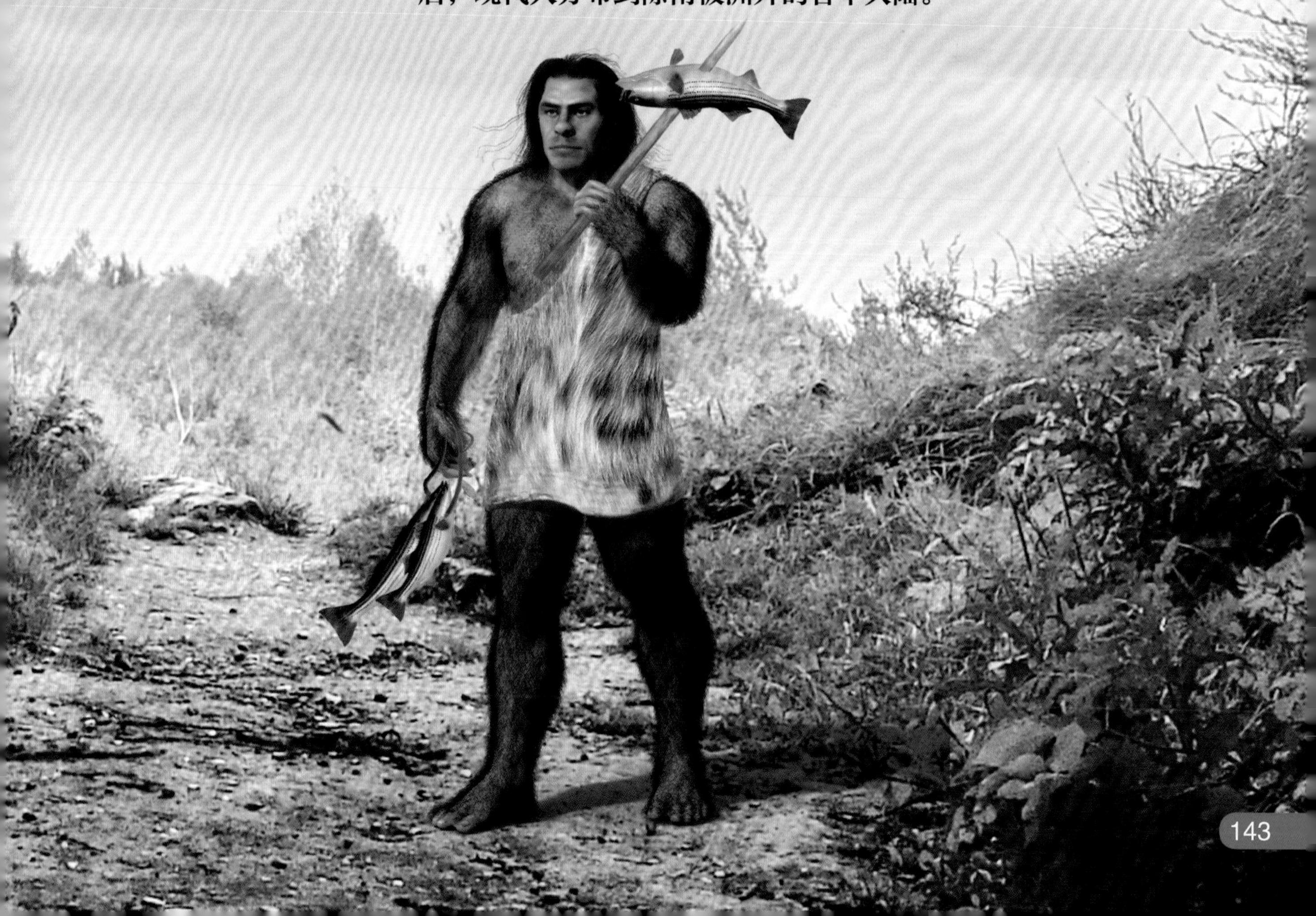

第四章 宇宙探索

圭表和日晷

中国是世界上天文学起步最早、发展最快的国家。古人的天文知识不仅丰富，而且也很普及。早在5000多年前，中国就有了历法，而历法就是基于天文学而产生的，到了商代时期，已经有了专门的官员负责天文历法，那时将闰月放在岁末，称为“十三月”。中国拥有举世公认的最早最完整的天象记载，当然这些记载少不了天文仪器的帮助。中国古代制造出了许多精巧的观察和测量仪器，最古老的要数圭表和日晷了，它们都是利用日影进行测量和计算的古代天文仪器，圭表最为简单，出现年代很早，根据现代考古发现，在大约4000年前的陶寺遗址时期，就已经使用了圭表。日晷是在圭表基础上发展出来的，主要是用来定时刻的一种计时仪器。

圭表

圭表，由“圭”和“表”两个部件组成，和日晷一样，也是利用日影进行测量的古代天文仪器。所谓圭表测影法，通俗地说，就是垂直于地面立一根杆，通过观察记录它正午时影子的长短变化来确定季节的变化。垂直于地面的直杆叫“表”，水平放置于地面上刻有刻度以测量影长的标尺叫“圭”。在不同的季节，太阳的方位和正午高度不同，并且有着一定的变化规律，当太阳照在表上时，圭上会出现表的影子，人们根据影子的长度和方向来测时间、定方向、划分节令。以圭表测时间，一直延至明清时期。

日晷

“日”指“太阳”，“晷”指“影子”。“日晷”的意思就是“太阳的影子”。日晷是一种白天通过太阳投射产生的影子测时刻的天文仪器，是我国古代较为普遍使用的计时仪器。日晷必须依赖日照，不能用于阴天和黑夜。因此，单用日晷来计时是不够的，还需要其他种类的计时器，如水钟，来与日晷相配。

浑天仪

在我国古代有一种重要的宇宙理论叫作浑天说，张衡的《浑天仪注》（浑天说代表作）认为“浑天如鸡子。天体圆如弹丸，地如鸡子中黄。”天内充满了水，天靠气支撑着，地则浮在水面上。浑仪和浑象是一种观测仪器，正反映了这种浑天说，浑仪是观察和测定天体球面坐标的一种仪器，浑象是古代用来演示天象的仪表，浑天仪则是浑仪和浑象的总称。

浑仪

浑仪是一种古代的天文观测仪器，它由早期的四游仪和赤道环两部分组成。随着时间的推移，从汉代至北宋期间，浑仪的构造逐渐得到完善，增加了黄道环、地平环、子午环、六合仪、白道环、内赤道环以及赤经环等组件。这些改进不仅提升了浑仪的观测精度，也丰富了其功能性，为古代天文学的发展作出了重要贡献。

张衡改进浑天仪

东汉学者张衡继承和发展了前人的成果，他改进并研发了新型浑天仪，浑天仪主体是几层可运转的圆圈，各层分别刻着内、外规，南、北极，黄、赤道，二十四节气，二十八宿，还有星辰和日、月、五纬等天象。它运转的动力是仪器上的漏壶滴水，压力推动圆圈按照刻度转动。张衡是第一位将齿轮用于驱动浑天仪的科学家。

天球仪

中国天球仪的制作早在元朝时期就已经存在，球面上反映了地球表面的海、陆分布状；发展到明朝，朝廷制作的天球仪已经绘制了经纬网，标注了五洲；清朝时期，乾隆皇帝命人用纯金打造的金嵌珍珠天球仪，并参照了钟表的内部结构，该天球仪代表了清朝制造天球仪的新的发展，是我国古代制作成本最高的天球仪;发展到现代，天球仪模型已经能够购买到并作为教具被应用在教学中。

金嵌珍珠天球仪

金嵌珍珠天球仪的球径约30厘米，由金叶锤打的两个半圆合为一体，接缝处为赤道，球的两端中心为南北极，北极还有时辰盘。它采用赤金点翠法，以大小不同的珍珠为星，镶嵌于球面之上并刻有星座的名称。金嵌珍珠天球仪，反映出中国清朝时期高超的天文科技水平。

天球仪的作用

地球围绕太阳公转一圈为一年，地球自转一圈为一天，天体运动产生了很多天文现象，它使地球有了昼、夜、节气、极昼、极夜、时差等。这些信息与人类的生活密切相关，为了更加了解这些现象，智慧的人们研制了天球仪，让生活变得更加有规律。

金嵌珍珠天球仪的由来

清朝统治者对西方天文学比前人更加重视，首先接受这种文化的是康熙皇帝。乾隆热衷于繁复华贵的钟表及奇巧的机械玩具得益于康熙皇帝的熏陶及培养。乾隆皇帝在位时，命令清宫制造了各种金银玉器、牙雕等稀世珍品，金嵌珍珠天球仪便是其中之一。

现代天球仪

天球仪不只是在博物馆里才能看到，我们也可以购买到。它的体积会被缩小，我们可以调整的变量有观测点纬度、观测日期和当天的时间。我们选定一个观测点纬度，并调整子午环到该纬度，然后我们确定想要观测的日期，就是在黄道环上找出代表这一天的位置，记作 Z，最后我们转动中空圆球，观察点 Z 的运动轨迹，就可以看到一年中的某一天里，在这一纬度太阳在天球上是如何运动的了。

伽利略的望远镜

1609年，身为数学和天文学教授的伽利略，正在威尼斯做学术访问，偶然听闻荷兰人发明了一种能望见远景的“幻镜”，引发他强烈的好奇，在证实了信息后他匆忙回到大学实验室，集中精力研究光学和透镜。次年，他改进望远镜，使放大率高达33倍，并把它指向了星空，首次对月面进行了科学观测。它就是伽利略望远镜，伽利略望远镜的诞生，使人类正式进入日月星空的探索之旅。

伽利略

伽利略是意大利伟大的物理学家、天文学家、数学家、哲学家。他发明了摆针、温度计及天文望远镜等多种有意义的工具，在科学上为人类做出了巨大贡献。是近代实验科学的奠基人之一，享有“观测天文学之父”“现代物理学之父”“科学方法之父”“现代科学之父”的美誉。

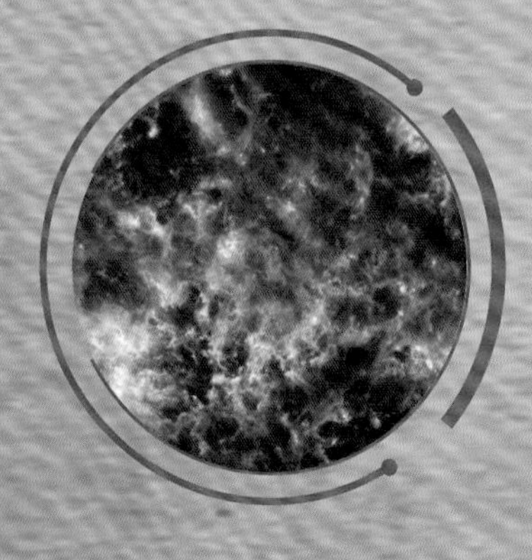

天文望远镜观测成果

伽利略先观测到了月球的高地和环形山投下的阴影。1610年1月7日，伽利略发现了木星的四颗卫星，为哥白尼学说找到了确凿的证据。借助于望远镜，伽利略还先后发现了土星光环、太阳黑子、太阳的自转、金星和水星的盈亏现象、月球的周日和周月天平动，以及银河是由无数恒星组成等等。这些发现开辟了天文学的新时代，近代天文学的大门被打开了。

伽利略望远镜的缺点

伽利略的望远镜有一个缺点，就是在明亮物体周围产生“色差”。“色差”产生的症结在于通常所谓的“白光”根本不是白颜色的光，而是由组成彩虹的从红到紫的所有色光混合而成的。当光束进入物镜并被折射时，各种色光的折射程度不同，因此成像的焦点也不同，模糊就产生了。

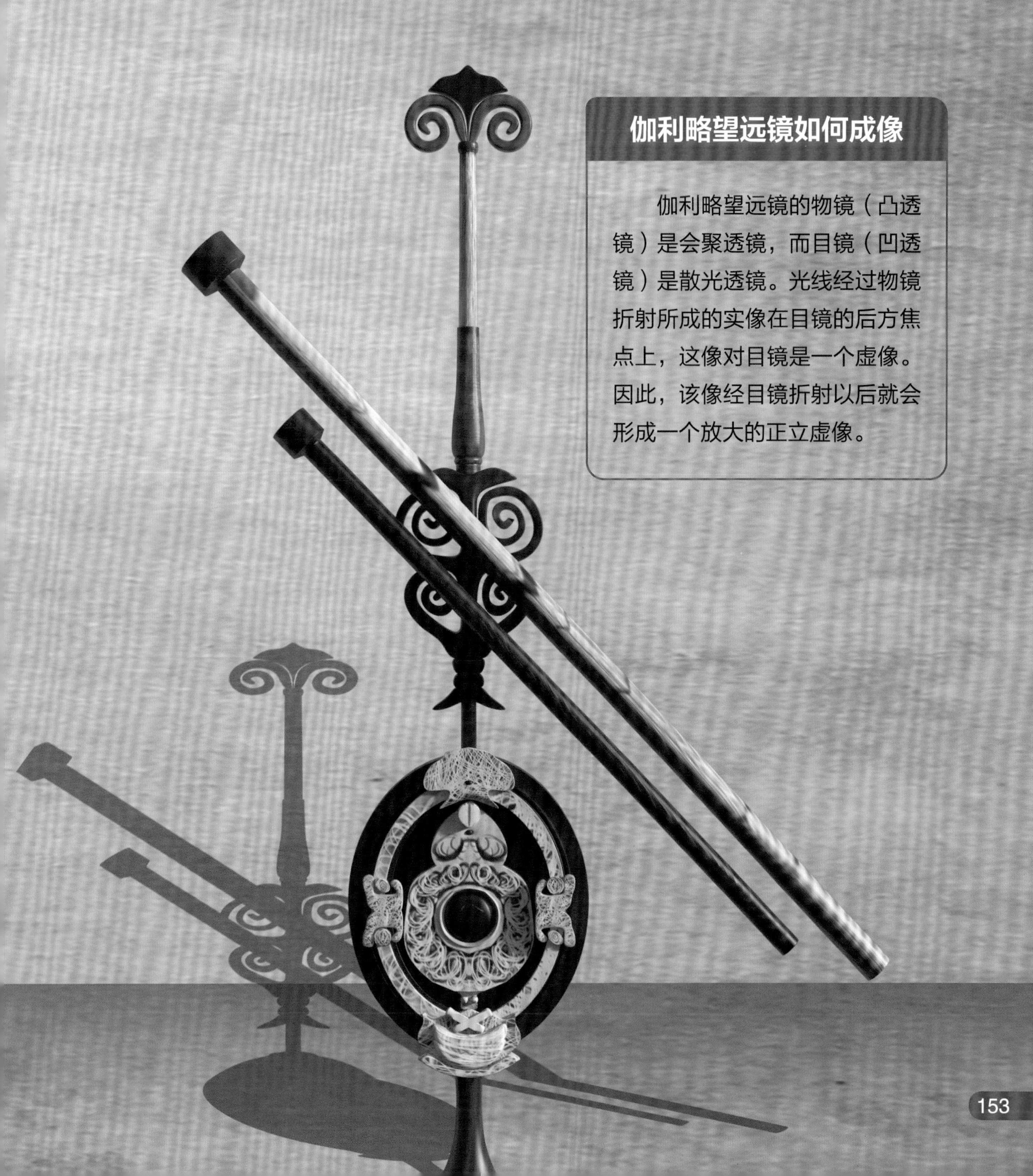

伽利略望远镜如何成像

伽利略望远镜的物镜（凸透镜）是会聚透镜，而目镜（凹透镜）是散光透镜。光线经过物镜折射所成的实像在目镜的后方焦点上，这像对目镜是一个虚像。因此，该像经目镜折射以后就会形成一个放大的正立虚像。

现代望远镜

望远镜是观测天体最直接，最重要的手段，如果没有望远镜的产生和发展就不会有如今的现代天文学。最早的望远镜构造非常简单，只是由小小的镜片组成，整体也只有手臂大小，然而几百年后，望远镜已经变成了庞然大物，巨大的镜面需要用数以吨计的钢铁来支撑。望远镜的集光能力随着口径的增大而增强，所以望远镜的口径越大就能够看到更暗、更远的天体。随着望远镜在各个方面性能的改进和提高，现代的望远镜可以观测更加广袤的太空。天文学也得到了突飞猛进的发展。

大麦哲伦望远镜

大麦哲伦望远镜由7个直径8.4米的主镜镜片以甘菊花的形状组装在一起。这种设计令这台望远镜的聚光能力大大提升，成像清晰度达到哈勃空间望远镜的10倍。

甚大望远镜

欧洲南方天文台建造的甚大望远镜位于智利阿塔卡马沙漠北部的巴拉纳尔山上。天文台上共有4台口径为8.2米的望远镜，都可单独使用。主要科学任务为探索太阳系邻近恒星的行星、研究星云内恒星的诞生、观察活跃星系核内可能隐藏的黑洞以及探寻宇宙的边际等。

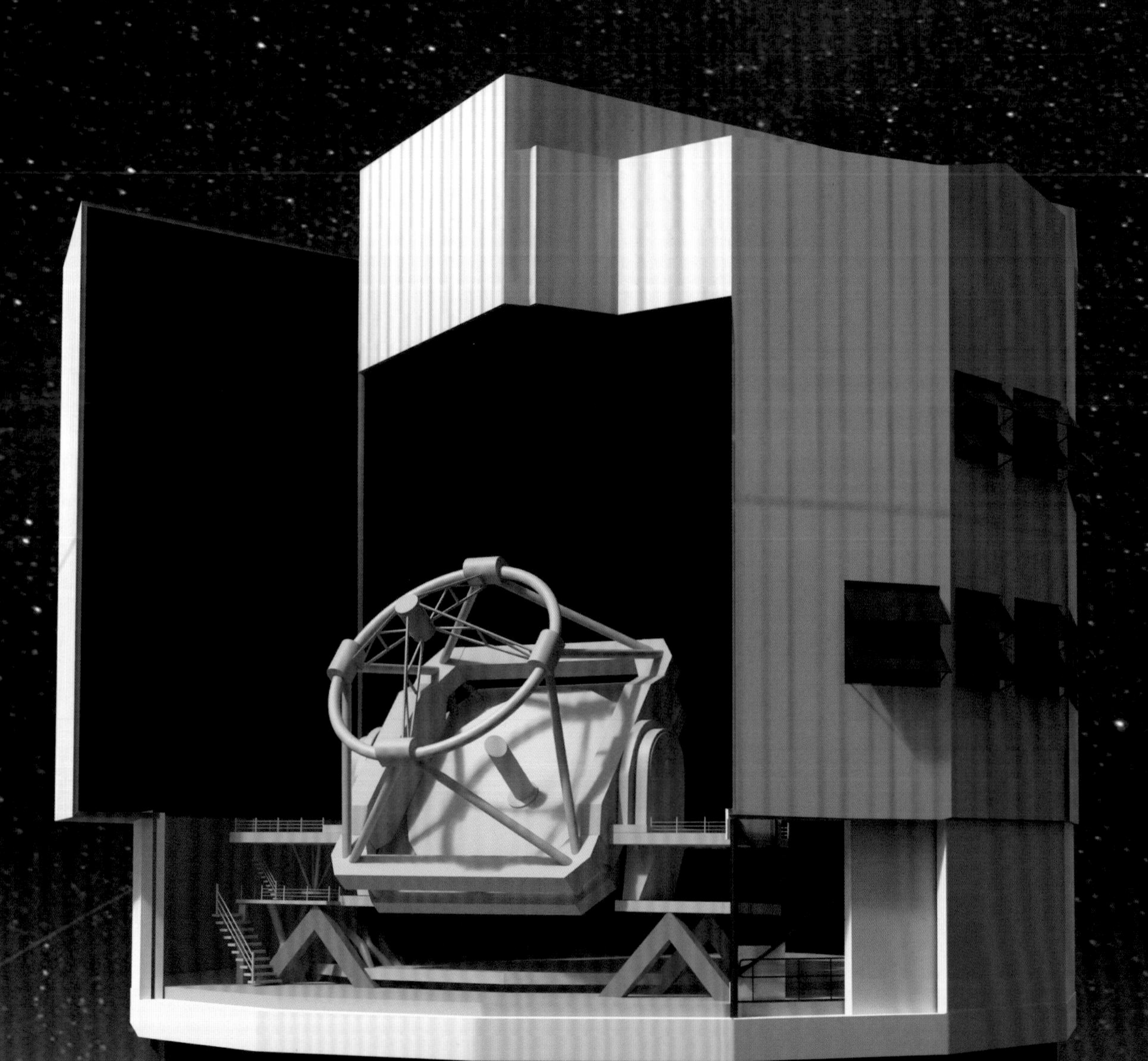

中国“天眼”

500米口径球面射电望远镜，是目前世界上口径最大、最灵敏的单天线射电望远镜，是我国自主研发的望远镜，被称为中国的“天眼”。“天眼”最早是在1994年由我国天文学家南仁东提出构想，经历了22年之久，终于在2016年9月25日在贵州省落成。“天眼”的反射面由4450块反射面板安装成，远远看去就像一口大锅，它的接收面积足足有30个标准足球场大小，它将在未来20～30年的时间里稳居世界第一的位置。

索网结构

“天眼”的反射面主要是索网结构，这是建造工程的主要技术难点之一。“天眼”的索网是世界上跨度最大、精度最高的索网结构，也是世界上第一个采用变位工作方式的索网体系。其技术难度极高，但是我国工程队将难题一一攻克，还创下了12项自主创新的专利成果。

南仁东是谁

南仁东是中国“天眼”之父，他从 1994 年就开始了“天眼”的选址、立项、设计，是该项目的首席科学家和首席工程师。南仁东为这个项目付出了毕生心血，没有南仁东就没有今天的 500 米口径球面射电望远镜的顺利建成。他于 2017 年病逝，享年 72 岁，他的逝世是我国天文学史上的重大损失。

“天眼”任务

“天眼”的建造不仅仅是为了寻找“地外文明”，更重要的任务是寻找脉冲星。脉冲星是快速自转的中子星，它能够发射严格周期性脉冲信号。如大家常用的GPS导航系统一样，我们寻找到脉冲星以后就可以将它用于深空探测、星际旅行，它可以在宇宙中起到良好的导航作用。除了观测脉冲星，它还有另一大任务就是研究宇宙中的中性氢，这有助于我们探索宇宙的起源。

“天眼”从无到有，经历了22年。

哈勃空间望远镜

哈勃空间望远镜于1990年4月24日由“发现者”号航天飞机发射升空。它是放置在地球轨道上并且围绕地球的空间望远镜，以著名天文学家爱德温·哈勃的名字命名。它位于大气层之上，成像不会受到大气的影响，并且能够观测到未被臭氧层吸收的紫外线，能够极大程度地弥补地面观测的不足，使人们了解了更多的天文物理方面的知识，帮助天文学家解决了许多天文学上的问题。在2020年1月，一个国际天文学家团队利用美国哈勃空间望远镜发现了EGS77星系群，它是迄今已知的最遥远、最古老的星系群。

设计思路

1946年天文学家莱曼·斯必泽指出太空中的天文台具有优于地面天文台的观测性能。他发现在地面观测时，湍动的大气会给观测结果造成影响，在太空观测会有较高的准确率，而且在太空中的望远镜还可以观测到会被大气层吸收的红外线和紫外线。于是斯必泽开启了建造空间望远镜的事业。

组成

光学系统是整个哈勃空间望远镜的心脏，它的组成还有广域和行星照相机、戈达德高解析摄谱仪、高速光度计、暗天体照相机、暗天体摄谱仪，还有一件由威斯康星麦迪逊大学设计制造的HSP，用于观测在可见光和紫外光的波段上的变星，以及其他天体在亮度上的变化。

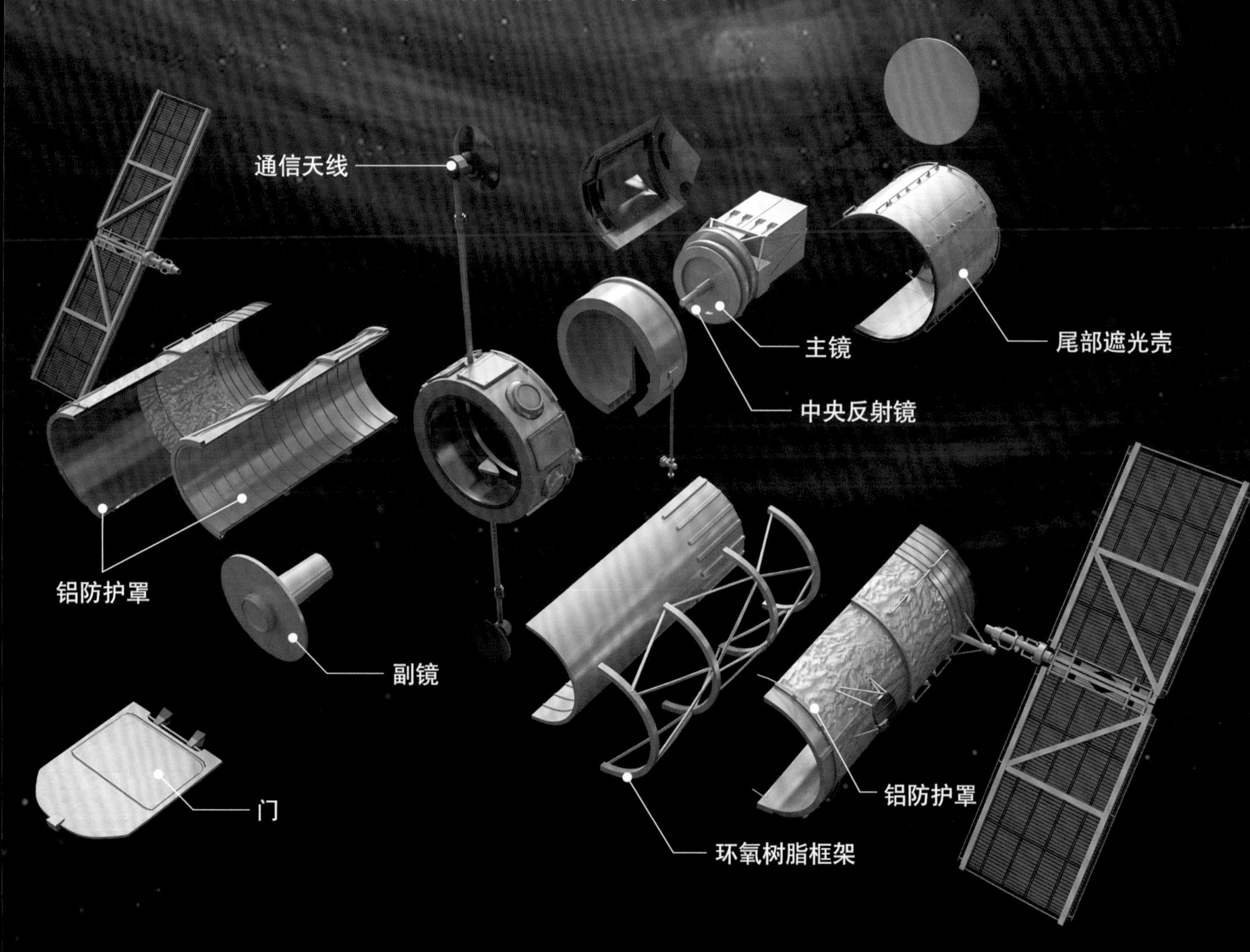

哈勃空间望远镜的接班人是谁

哈勃空间望远镜在宇宙观测方面取得了惊人的成果，随着时间的流逝，哈勃空间望远镜迎来了继任者——詹姆斯·韦布空间望远镜。2021 年 12 月 25 日，詹姆斯·韦布空间望远镜搭载“阿丽亚娜”5 号运载火箭奔向宇宙。

火箭

火箭，是一种靠火箭发动机喷射工作介质产生的反作用力向前推进的飞行器。火箭不需要依靠外界工作介质产生的推力，就可以在大气层内和大气层外飞行。火箭是实现太空飞行的运载工具，载人航天飞行需要依靠火箭才能实现。固体火箭跟液体火箭是我们现在比较常用的火箭。从科技的角度来说，火箭促进和推动了多个领域的发展，创造了诸多成就。

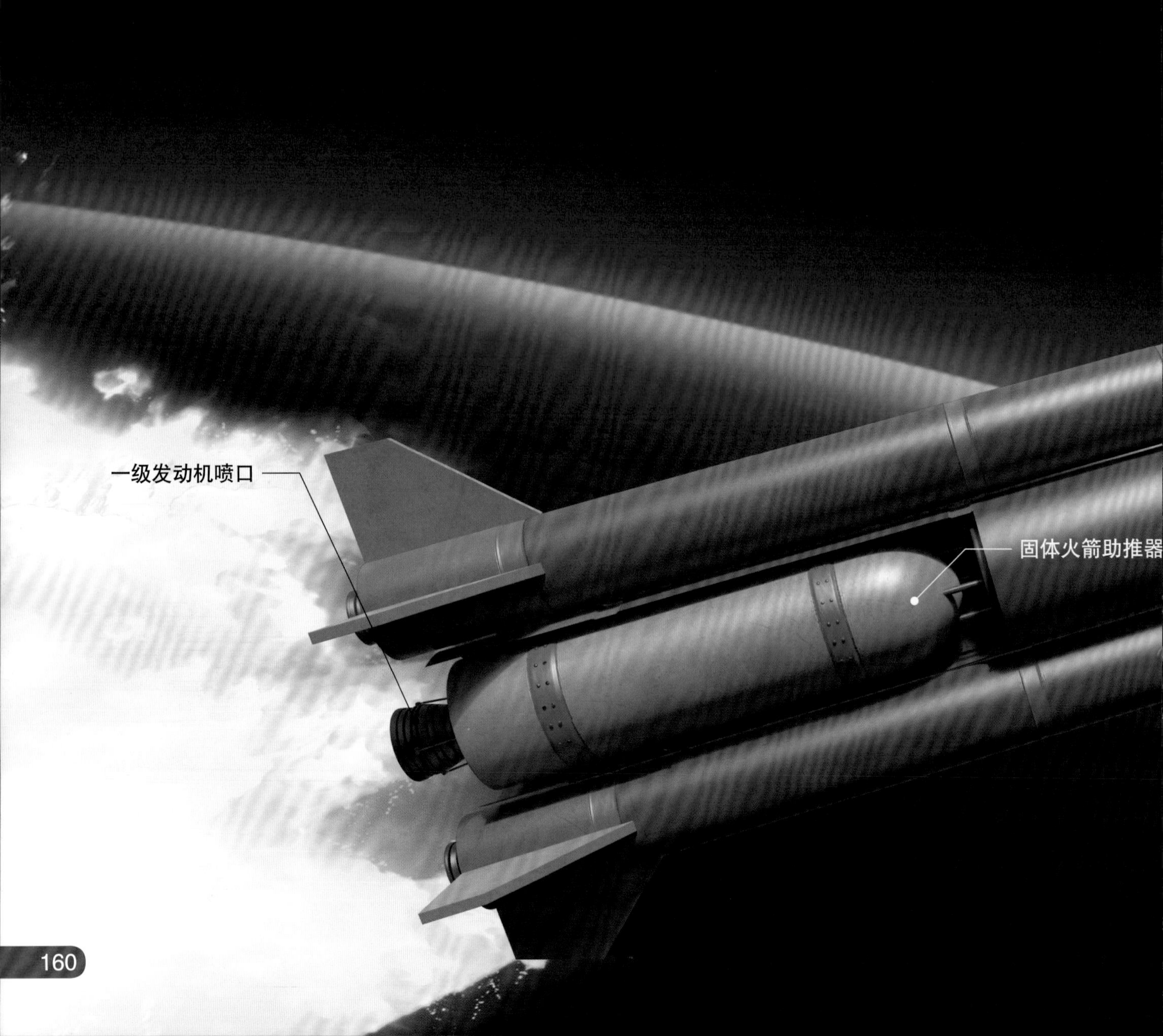

火箭是如何发射的

想要让火箭升空就需要一个强大的向上的推力，这个推力就是通过燃料的燃烧而产生的。发射火箭时，地面控制中心会进行倒计时，时间一到火箭就会伴随着巨大的轰鸣声缓缓升起，随后经过加速飞行，再经过一段惯性飞行，飞到预定轨道后进行最后一次加速飞行，当加速到预定速度以后，火箭的运载使命就结束了。

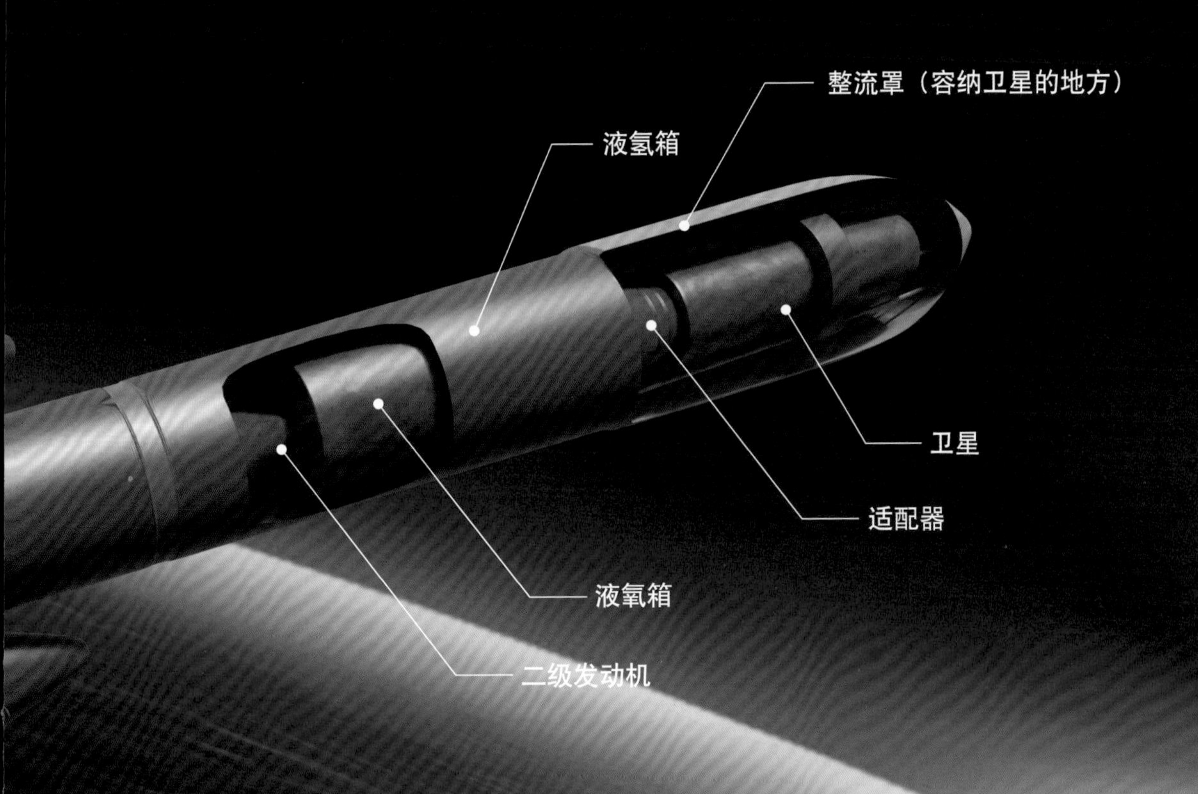

人造卫星

人造卫星是人造地球卫星的简称，它是指环绕地球飞行，并且能够在空间轨道上运行至少一圈的无人航天器。近年来人造卫星发展迅速，它也是发射数量最多、用途最广泛的航天器，主要应用于科学探测和研究、天气预报、土地利用、通信、导航等领域。按照用途，人造卫星可以分为科学卫星、技术试验卫星和应用卫星。

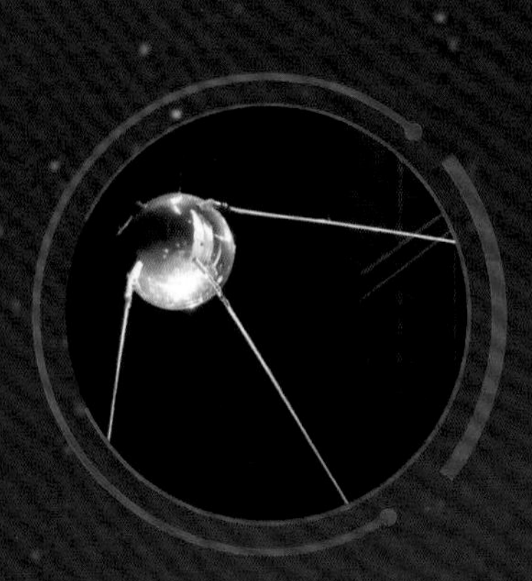

世界上第一颗人造卫星

1957年10月4日，苏联宣布成功地将世界上第一颗人造卫星发射升空，从此人类正式迈开走向太空的步伐。这颗卫星主要携带的仪器是化学能电池无线电发报机。

人们用肉眼能看到天上的卫星吗

当我们仰望星空，面对银河时，是否会思考我们看到的星星是真正的星星还是人造天体呢？其实我们的肉眼是可以看到人造天体的，这包括人造卫星、空间站，甚至是火箭残骸。因为它们离我们很近，而且它们自身带有的太阳能电池板或者金属构件都会反光，足以被肉眼看到。但是我们在夜空中所看到的绝大多数还是真实的恒星、行星等，我们虽然能看到人造天体的反光，但还是少数。

气象卫星

古时候的人们对于多变的气候只能凭着经验加以揣测。而气象卫星的出现，使人们得以掌握数日内的气候变化。气象卫星从遥远的太空中观测地球，不但能观测大区域天气的变化，也能观测小区域天气的变化。

人造卫星的运动轨道

地球是一个椭球体，如果没有其他因素影响，那么人造卫星的运动就是简单的椭圆运动。然而，在纷繁复杂的天体中，影响人造卫星的运动轨道有很多种，例如地球的非球形摄动、大气阻力摄动、太阳光压摄动等。因此卫星的轨道会越变越小，最终陨落。

“东方红”1号卫星

当世界上第一颗人造卫星上天以后，我国也开始了卫星计划。1970年4月 24日，我国第一颗人造卫星“东方红”1号卫星，在甘肃酒泉卫星发射场发射成功。

人造卫星表面具有可以反光的金属部件。

“上升”号飞船

“上升”号飞船是在“东方”号飞船的基础上改进而来的，形状和尺寸基本相似。“上升”号飞船是苏联的第二代载人飞船。“上升”号飞船共发射了2艘。在1964年10月，“上升”1号飞船首次载航天员环绕地球飞行，在环绕地球飞行了16圈之后安全返回地面，“上升”1号飞船中载有3名航天员，航天员在船舱内可以不穿航天服，返回方式也变成了乘员舱整体软着陆的方式。在1965年3月，“上升”2号飞船发射成功，本次船舱内载着2名航天员。

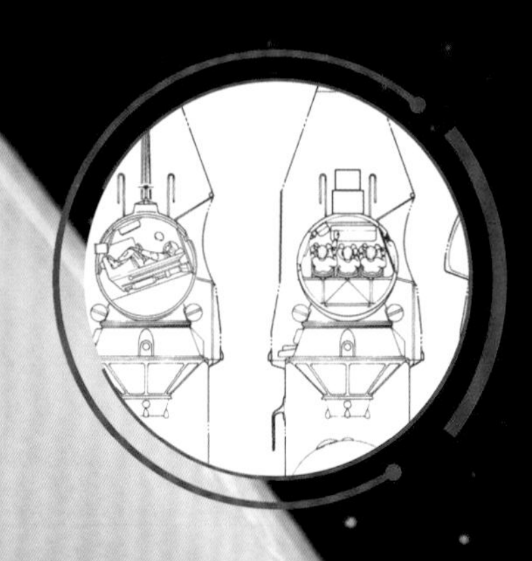

“东方”号飞船和“上升”号飞船的区别

“上升”号飞船是由“东方”号飞船改进而来，它们在外形上并没有很大变化，主要的变化有：“上升”号飞船去掉了弹射座椅，并且增加了航天员的座位；为了完成航天员出舱任务，增加了一个可以伸缩的气闸舱。

人类第一次完成太空行走

“上升”2号飞船载有2名航天员。这次航行完成了一次史无前例的创举——太空行走，人类真真正正地走进太空，这次行走是由A. A. 列昂诺夫完成的，A. A. 列昂诺夫于1953年参军，经过四年的训练后，从丘古耶夫军事航空学校毕业，在航空兵部队担任飞行员。1960年A. A. 列昂诺夫被选为航天员，从此便为航空事业奉献了一生。

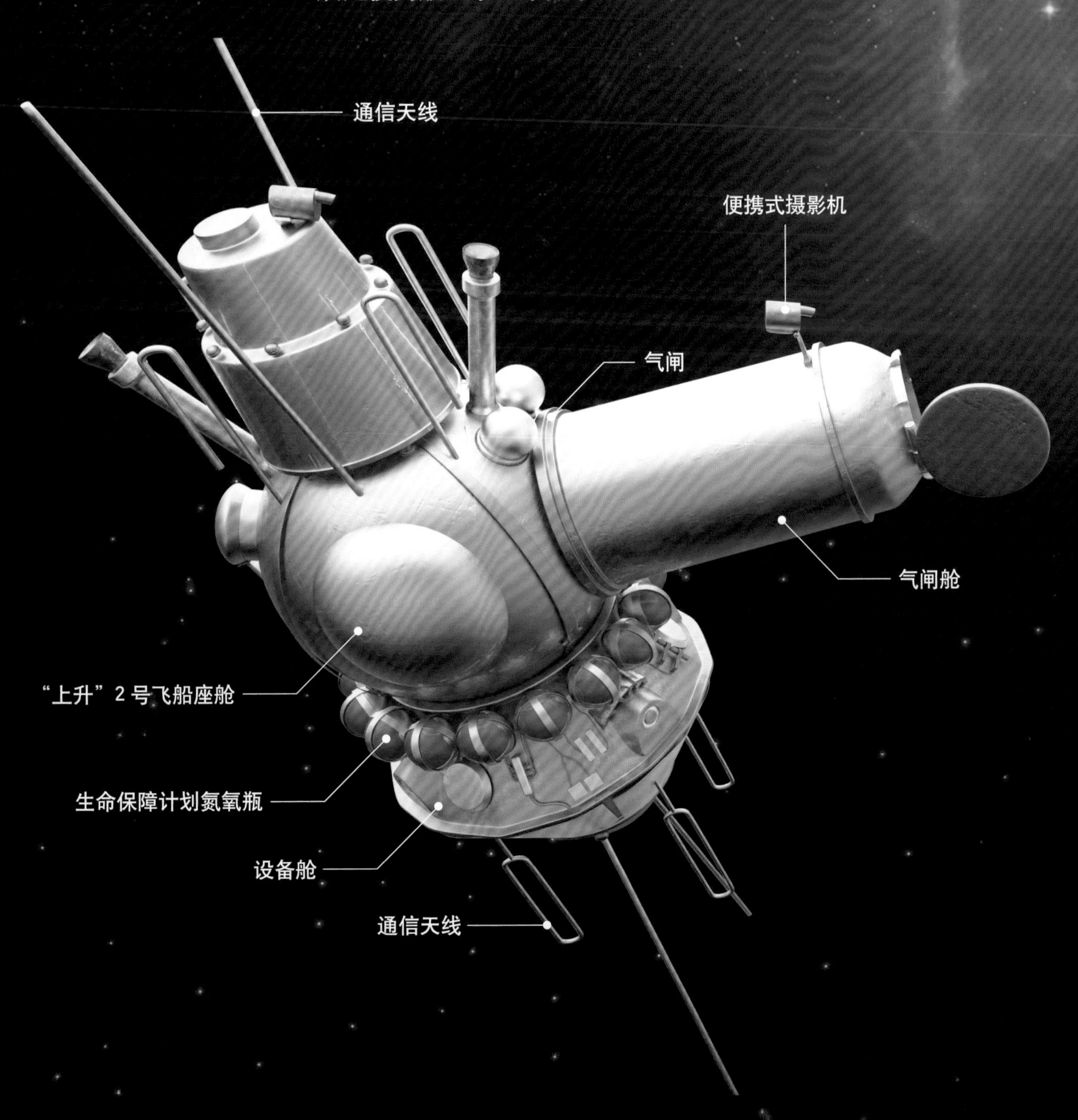

“水星”号飞船

“水星”号飞船是美国第一代载人飞船系列。从1961年5月到1963年5月共发射6艘飞船。前两艘飞船做绕地球不到一圈的亚轨道载人飞行，后四艘是载人轨道飞行。“水星”号飞船长2.9米，最大直径1.8米，主要分为圆台形座舱和圆柱形伞舱，在飞船顶端还有一个高约5米的救生塔，飞船可乘坐1名航天员，航天员可以通过舷窗、潜望镜和显示器观测地球表面。

救生塔

由于美国的地形和俄罗斯不同，俄罗斯国土面积广，飞船降落时可以降落在陆地上，而美国则选择降落在开阔的海面上，于是救生部分就显得尤为重要。美国在第一个飞船发射时就出现了故障，点火以后火箭没有飞起来，这时救生塔就派上用场了。

建造“水星”号飞船的目的

其主要目的是实现载人航天飞行，将载有航天员的飞船送入地球轨道，在预定轨道中飞行几圈之后安全返回地面。主要任务是试验飞船各种工程系统的性能，考察失重环境对人体的影响，人在失重状态下的工作能力等。

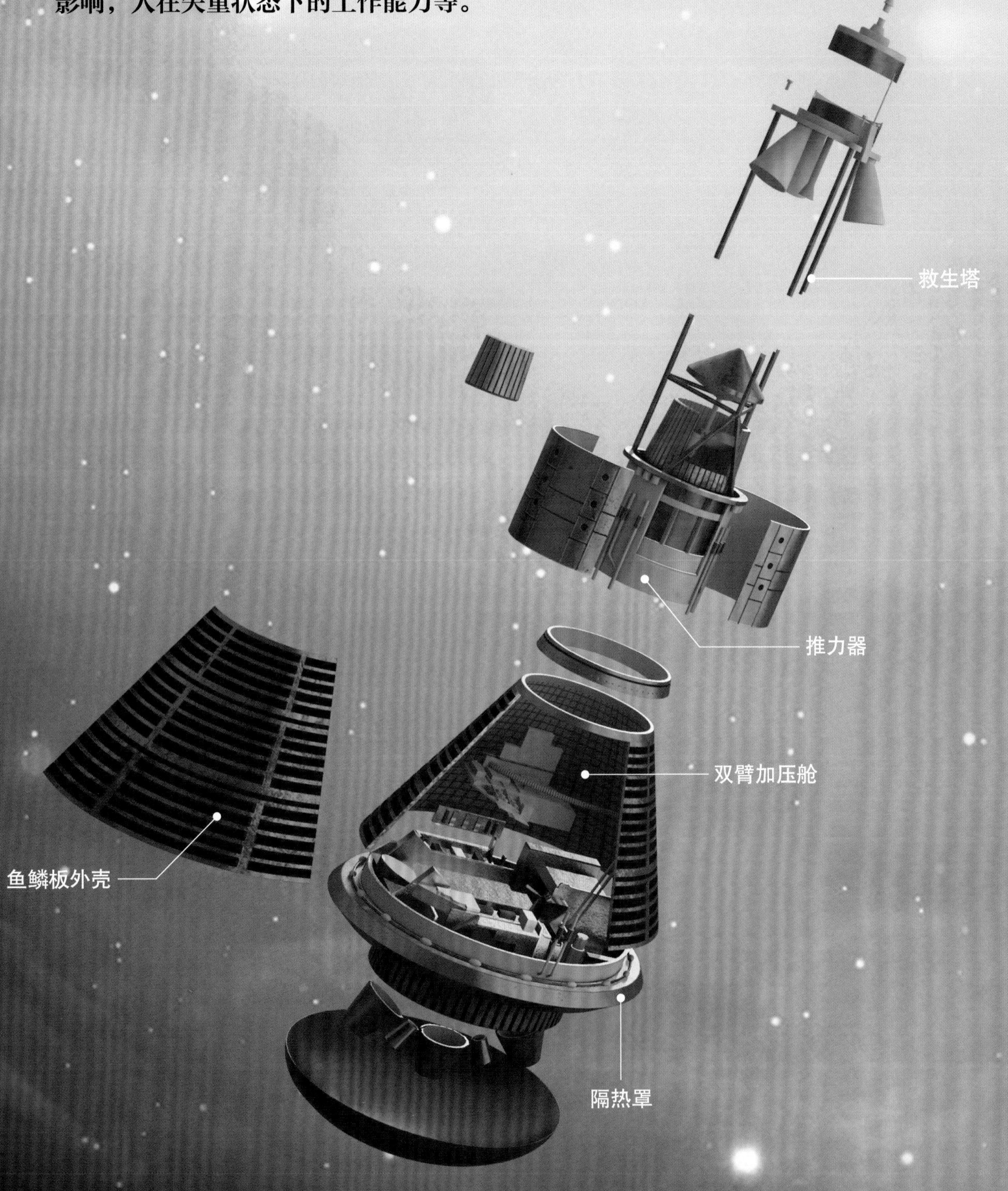

“土星”5号运载火箭

“土星”5号运载火箭是美国为了实现载人登月而使用的火箭，专门为重量巨大的“阿波罗”号飞船登月而设计，因此又被称为月球火箭。“土星”5号运载火箭是世界上最大的串联式运载火箭，全长110.6米，最大直径10.1米，起飞质量2950吨，近地轨道的运载能力达130吨，飞往月球轨道的运载能力为47吨。“土星”5号运载火箭最后一次发射是在1973年，这次发射将“太空实验室”送入了近地轨道，之后它便退役了。

运载能力强的火箭

“土星”5号运载火箭是世界上迄今为止运载能力第二的火箭。它专门为重量巨大的“阿波罗”号飞船登月而设计，如果没有如此强大的载荷能力，“阿波罗”号飞船也不会有登月的成功。它可将47吨的有效载荷送上月球，但一般航天任务不需要如此之高的载荷能力。

“土星”5 号运载火箭如何被研制

“土星”5 号运载火箭在 1962 年开始研制，在 1967 年进行了第一次发射，在 1973 年完成最后一次飞行。实际发射了 13 次。

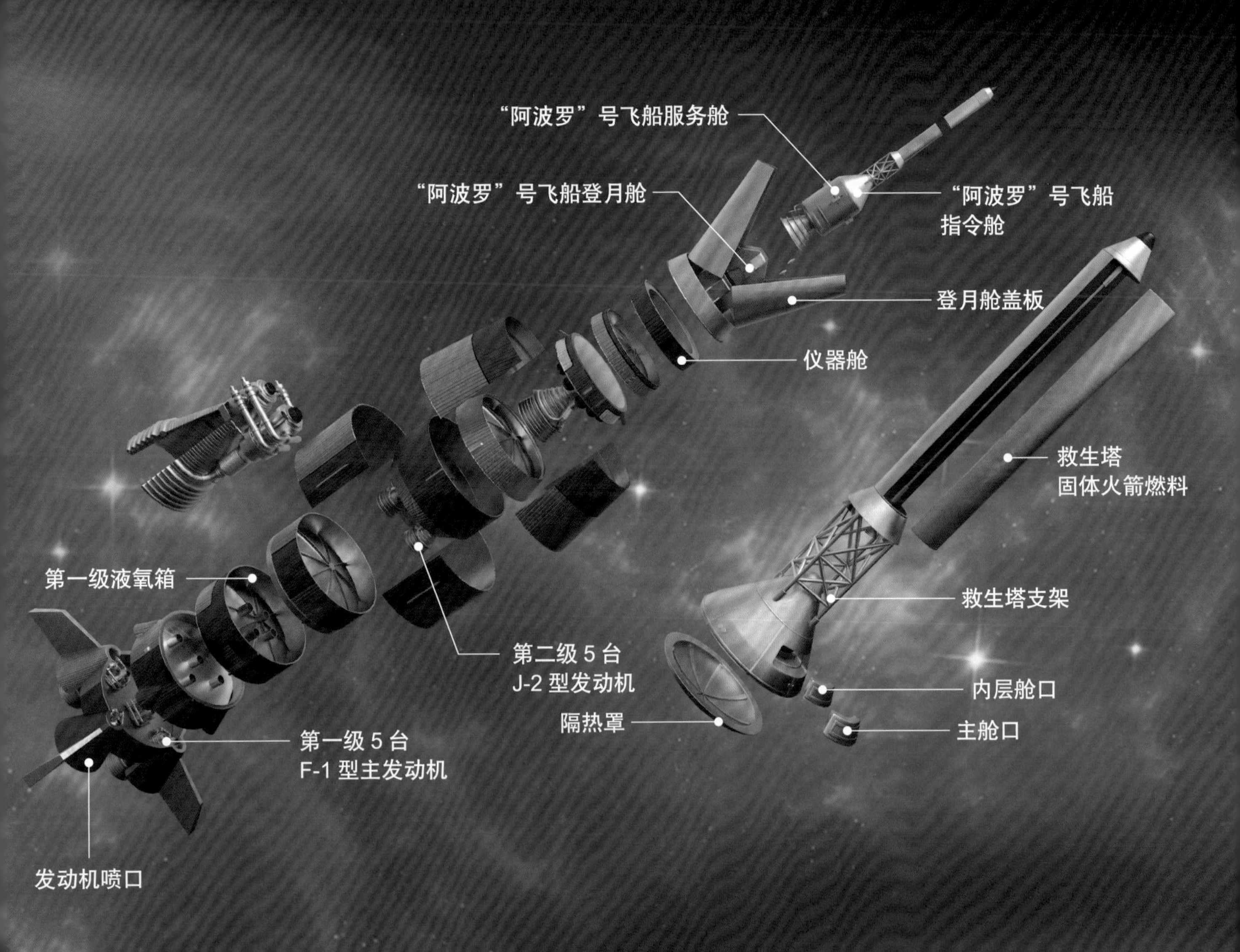
“阿波罗”号飞船服务舱
“阿波罗”号飞船登月舱
“阿波罗”号飞船
指令舱
登月舱盖板
仪器舱
救生塔
固体火箭燃料
第一级液氧箱
救生塔支架
第二级 5 台
J-2 型发动机
内层舱口
隔热罩
主舱口
第一级 5 台
F-1 型主发动机
发动机喷口

“阿波罗”11号指令舱

“阿波罗”11号的指令舱是飞船的重要控制中心和航天员的生活场所。它包含航天员的卧椅、控制仪表板、通信系统、前端对接舱口、侧舱门、五个舷窗及降落伞回收系统等。指令舱呈圆锥形，高3.2米，起飞质量约5.9吨，底面直径3.1米。在完成任务以后，“阿波罗”11号飞船和其运载火箭中只有指令舱会完好无损地返回地球。

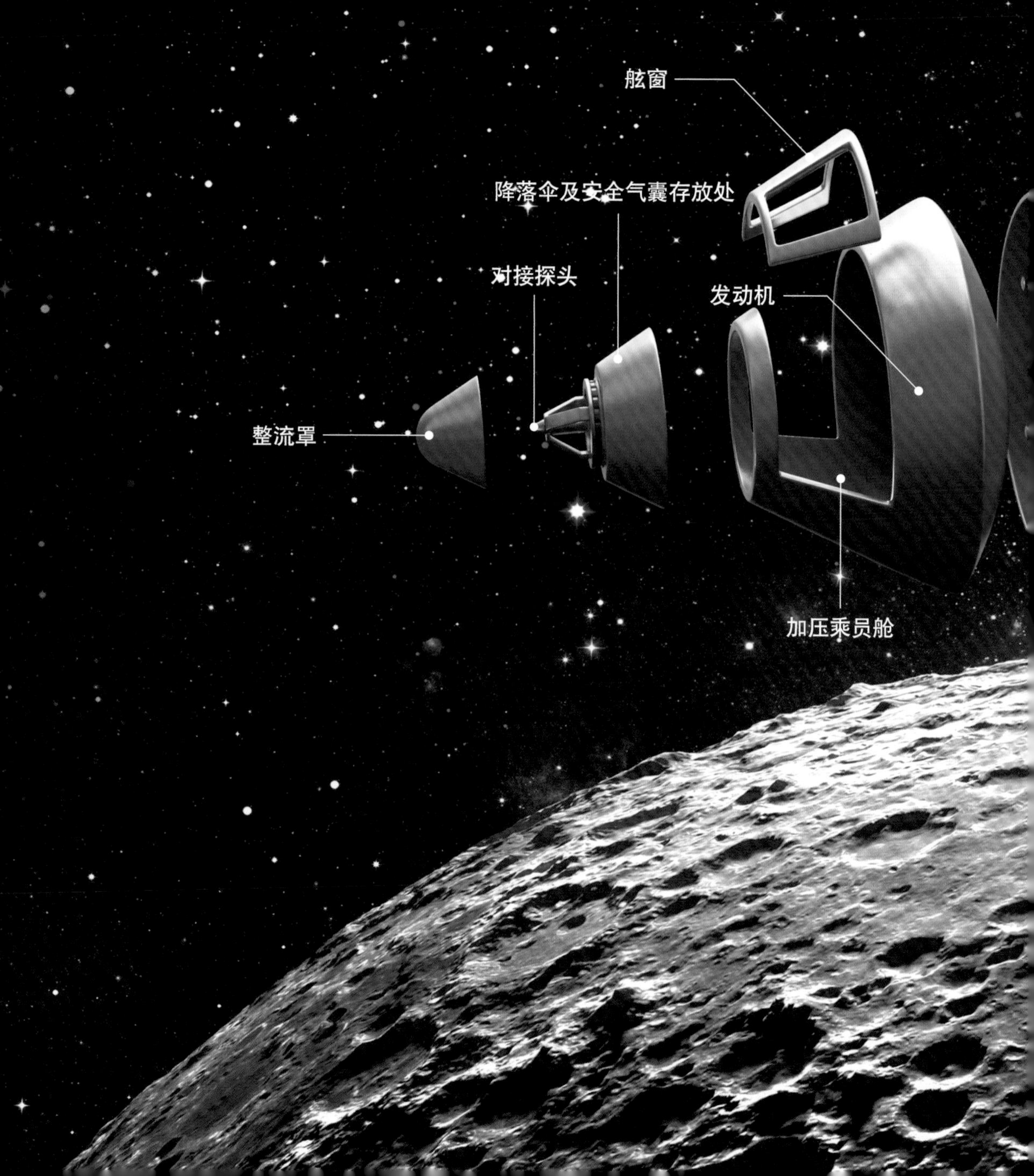

回家的保障

“阿波罗”11号飞船在进入月球轨道以后，会进行登月舱分离登月，留下指令舱和服务舱在月球轨道待命。等到登月舱从月球表面返回到月球轨道，再与母船相结合，随后抛弃登月舱，带着指令舱和服务舱返回地球轨道，最后抛弃服务舱，只留下指令舱载着航天员返回地球表面。

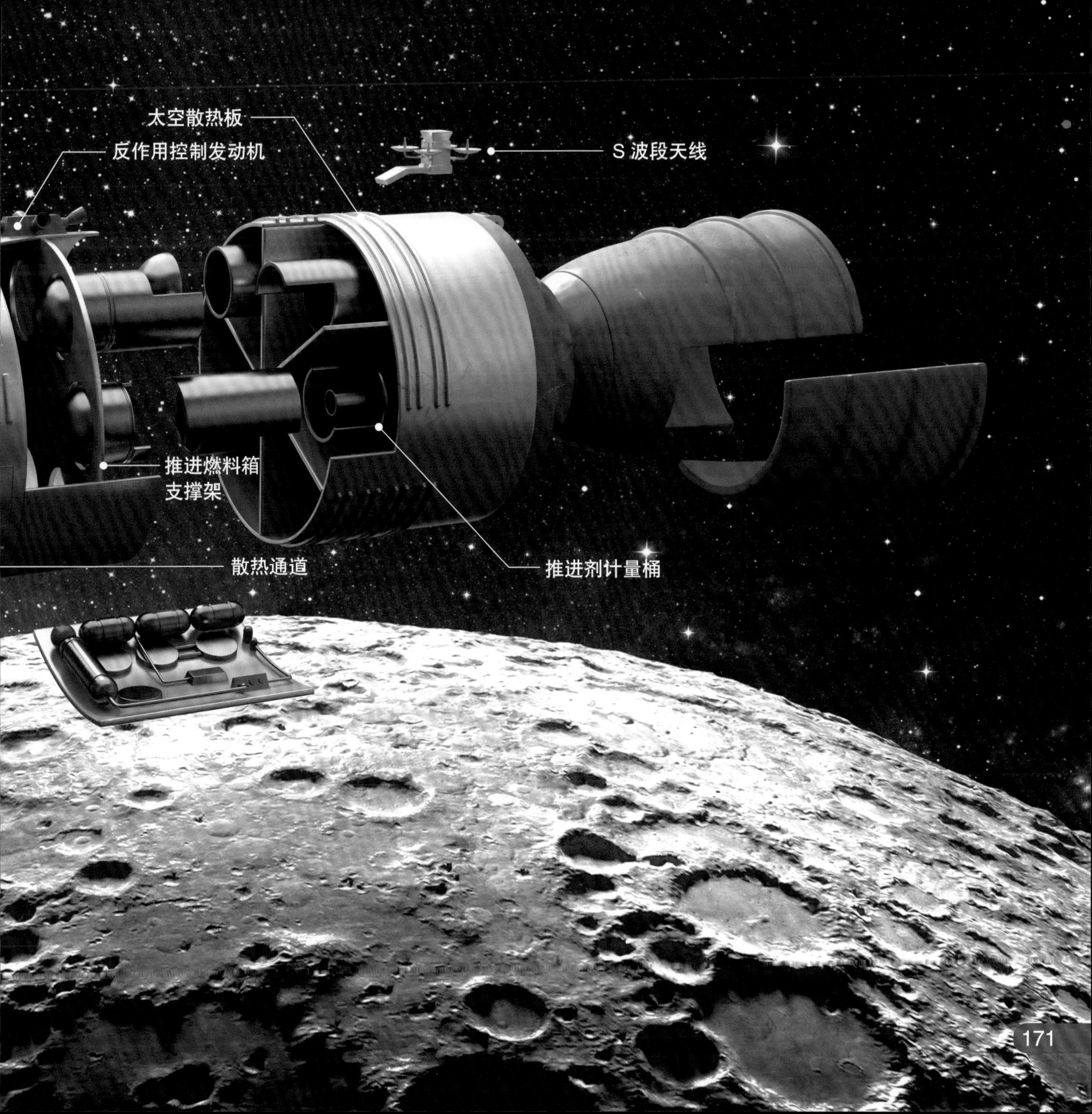

“勇气”号火星车

火星车就是火星漫游车，是可以登陆在火星上并用于火星探测的探测器，也是一种可移动的车辆。火星车为人类传来大量的火星资料，使人们更加了解火星。2002年11月，美国国家航空航天局宣布与著名玩具公司乐高合作举办命名比赛，最终一名小女孩获胜，将两辆火星车分别命名为“勇气”号和“机遇”号。2003年6月至7月，“勇气”号火星车、“机遇”号火星车分别发射成功。2009年“勇气”号火星车，车轮陷入软土，使它无法动弹，多次解救均以失败告终。2010年1月美国国家航空航天局宣布放弃拯救，“勇气”号火星车从此转为静止观测平台。

坎坷的探索之路

登陆火星的“勇气”号火星车曾因为太阳能电池板落灰，导致电量不足，幸运的是在两次大风过后，尘埃被吹散，又恢复了电力。在2006年，“勇气”号火星车的右前轮失灵。2009年，“勇气”号火星车陷入软土不能动弹以后，美国国家航空航天局工程师们用尽浑身解数也没能解救出它。

“机遇”号火星车

2003年6月，“勇气”号火星车发射成功以后，在同年7月，“机遇”号火星车也成功发射。相对于“勇气”号火星车来说，“机遇”号火星车的情况比较顺利，直到2019年2月，“机遇”号火星车结束使命。

“勇气”号火星车的成就

“勇气”号火星车对火星土壤进行了取样分析，科学家们从中得到了许多重要数据，并意外地发现了橄榄石。“勇气”号火星车首次在火星岩石上钻孔，并且第一次找到火星上有水存在的证据。

电能来源

“勇气”号火星车由太阳能电池板提供电能。

“好奇”号火星车

“好奇”号是美国研制的一台探测火星任务的火星车。它于2011年11月发射，在2012年8月成功登陆火星表面。“好奇”号火星车与以往发射的火星车的动力系统不同，它是第一辆采用核动力驱动的火星车，它的重要任务就是查明火星环境是否具有能够存在生命的可能。“好奇”号火星车无法使用气囊弹跳的着陆方式，因此科学家为它设计了新的着陆系统。“好奇”号火星车没有让大家失望，它为人类提供了大量宝贵信息，让人们对火星有了进一步了解。

火星上有水

科学家分析了“好奇”号火星车从火星带回的土壤样本。它们发现将比较细小的土壤加热，就会分解出水、二氧化碳和含硫化合物等，其中水占2%，这一结果足以振奋人心。

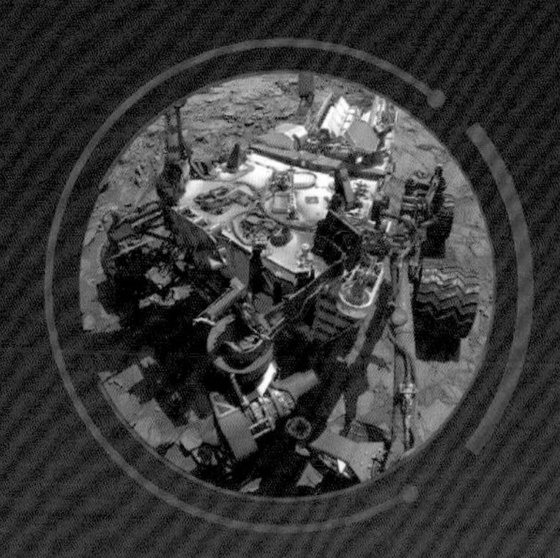

隔热板

“好奇”号火星车的隔热板采用的是酚碳热烧蚀板材料制成的，是有史以来最大的隔热板，它使火星车的外壳宽达4.5米，比“阿波罗”号使用的隔热板还大。

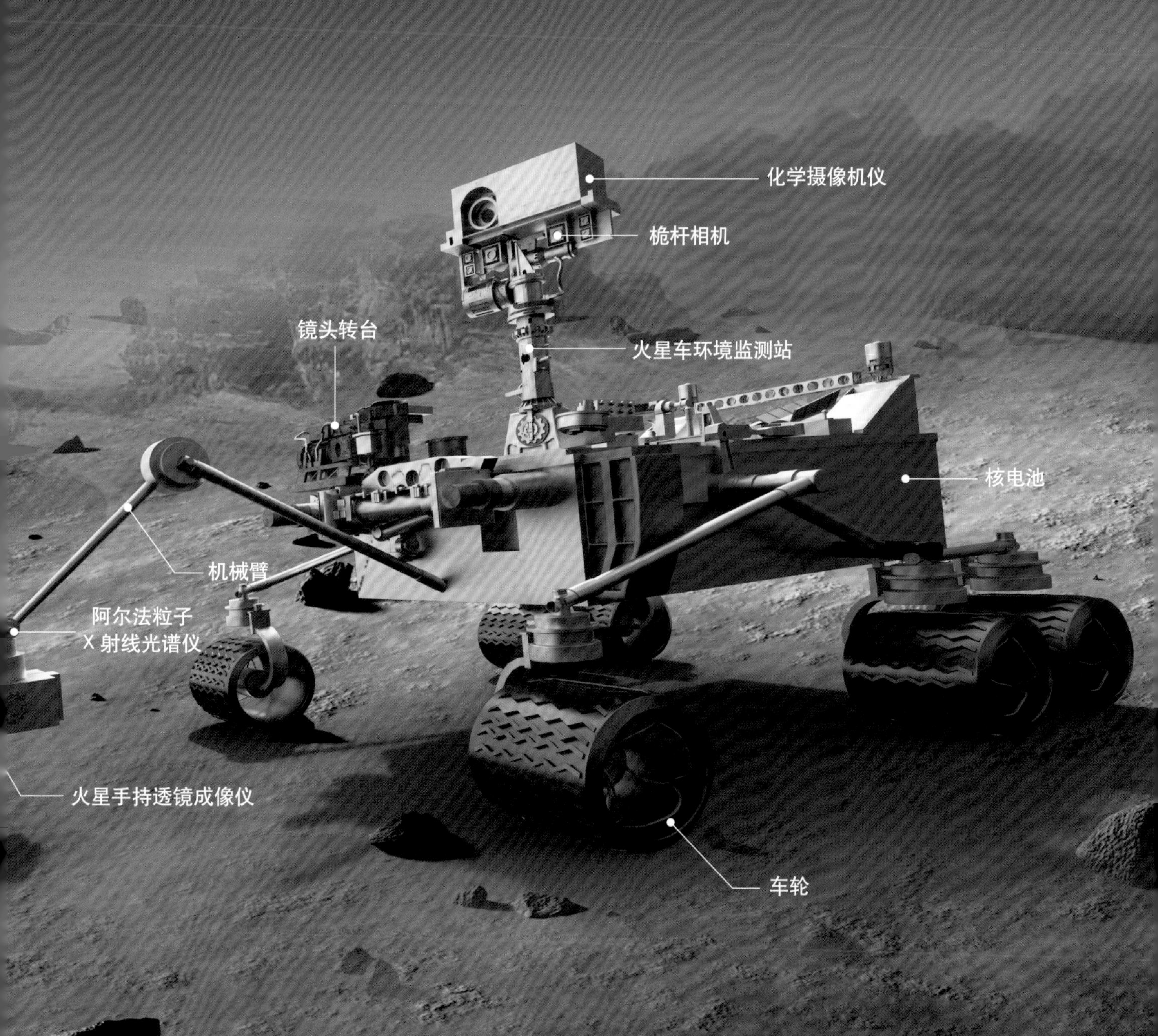

月球探测器——月球车

月球车是一种可以在月球表面行驶，用来完成月球考察和探测的专用车。它能够帮助人们在月球表面收集、取样，并且完成复杂的分析，是人类探索月球环境必不可少的工具，科学家通过月球车所带回的样本进行深入分析，使人类对月球有了更进一步的认识。月球车的造价很高，属于相当奢侈的一次性产品，它具备初级的人工智能，它能够识别、攀爬和翻越障碍物，就像是一个太空机器人，而且它必须要适应月球上的恶劣环境。月球在一个自转周期内，温差可达310℃，因此巨大的温差是月球车需要克服的首要难关。月球车是个不可维修产品，因此它必须具备非常高的可靠性。当月球车完成自己的使命后将会继续留在月球上。

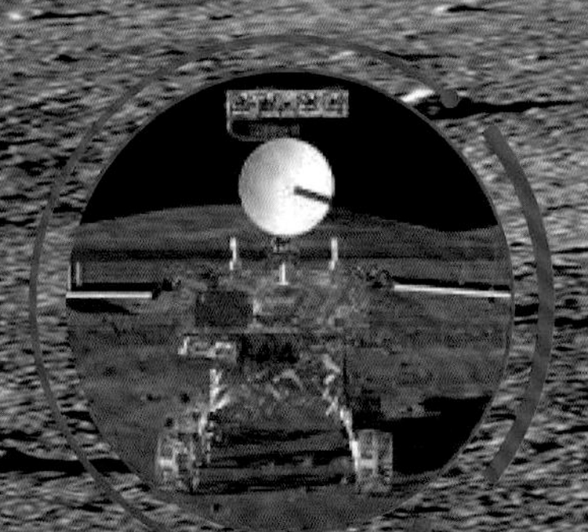

世界上第一辆月球车

苏联发射的无人驾驶的“月球车”1号于1970年11月成功降落在月球上，它的绰号叫“梦想”，是苏联第一个“月球计划”的产物，是世界上第一辆月球车。

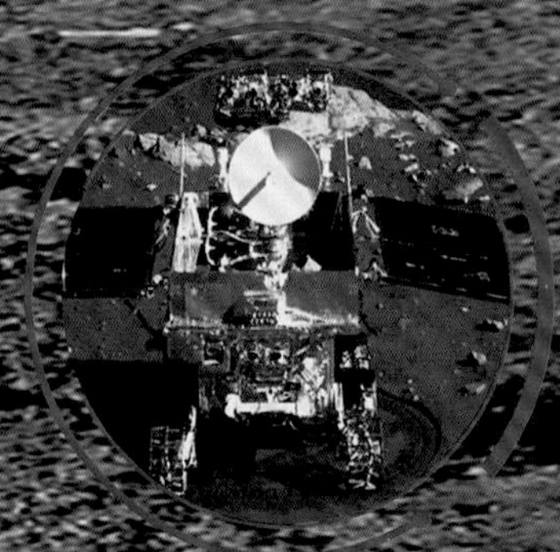

中国首辆月球车

2013年12月14日“嫦娥”3号探测器在月球表面实现软着陆，并在月球上释放了我国第一辆月球车，它的名字叫“玉兔”号月球车。

主要种类

月球车主要分为无人驾驶和有人驾驶两种。无人驾驶的月球车的一切行动完全靠地面的遥控指令，它们主要由轮式底盘和仪器舱组成，用太阳能和蓄电池供电。有人驾驶月球车是为航天员提供的在月面行走的车，它能够大大减少航天员的体力消耗，可随时采集标本。它的每个轮子各由一台发动机驱动，靠蓄电池供电，可向前、向后、转弯和爬坡。

月球车与汽车有什么不同

月球车是不用汽油的，汽油的燃烧需要氧气，而月球上是没有氧气的。在月球上重力只有在地球上的六分之一，因此月球车不能像汽车那样开得很快，如果太快就会飞起来。最初的月球车的速度只有每小时 14 千米，还没有成年人步行的速度快。月球车没有方向盘，它只有一个操纵杆，而且月球车是一个成本很高的一次性产品。

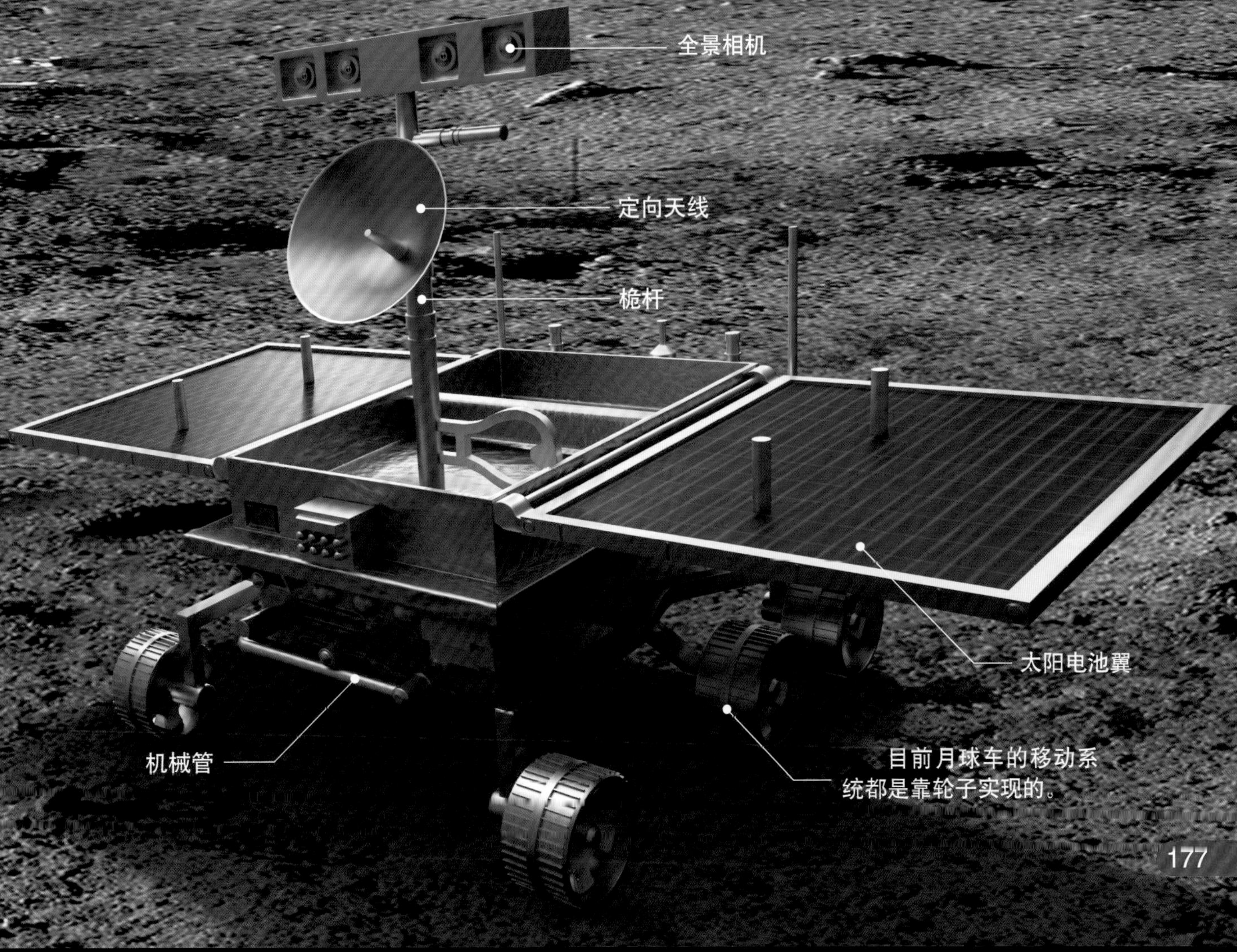

长征运载火箭

长征运载火箭是指长征系列运载火箭，它是中国自行研制的航天运载工具。1970年4月24日，“长征”1号运载火箭首次成功发射“东方红”1号卫星，这是中国掌握了进入太空的能力的标志。长征系列运载火箭为中国航天技术的发展作出了巨大贡献。1996年10月至2009年4月，长征系列运载火箭发射连续成功75次。它的可靠性吸引许多国外用户，截至2017年12月，中国长征火箭累计为国内外用户提供了60次商业发射，其中搭载发射服务15次。

长征系列运载火箭的发展意义

中国首颗人造卫星发射成功以后，标志着中国具备了独立进入太空的能力。长征系列运载火箭由常温推进剂到低温推进剂、由末级一次启动到多次启动、从一箭单星到一箭多星、从载物到载人，不断突破自己，发展成为今日的庞大家族，它为中国航天技术的发展提供了广阔的舞台，推动了中国卫星及其应用以及载人航天技术的发展。

“长征”1号系列运载火箭

长征系列运载火箭一共完成了四代，其中“长征”1号为第一代，其运载能力等总体性能偏低、使用维护性差。“长征”1号系列运载火箭主要用于近地轨道小型有效载荷，共进行了2次发射，均获成功，在1971年退役。

“长征”2号系列运载火箭

“长征”2号系列运载火箭拥有庞大的家族，是目前中国最大的运载火箭系列。它主要任务是承担近地轨道和太阳同步轨道的发射。“长征”2号运载火箭共完成4次发射，有一次失败，在1979年末退役。

整流罩

二级氧化剂箱

二级燃烧剂箱

二级主发动机

一级氧化剂塔

一级燃烧剂箱

“天宫”1号空间站

“天宫”1号于2011年9月29日21时16分03秒在酒泉卫星发射中心由“长征”2号运载火箭发射升空，这是中国第一个目标飞行器和空间实验室，它全长10.4米，最大直径3.35米，分为实验舱和资源舱。“天宫”1号为航天员提供了更宽敞的可活动空间，达15立方米，能够同时满足3名航天员工作和生活的需要。实验舱前端装有被动式对接结构，可与追踪飞行器进行对接。“天宫”1号绕地球一圈的运行时间约为90分钟。最初它的设计使用寿命为两年，2013年6月“神舟”10号飞船返回后，“天宫”1号即完成主要使命，服役期间一直表现良好。在2018年4月2日8时15分左右，“天宫”1号目标飞行器，在大气中焚毁，残骸落入南太平洋中部区域。

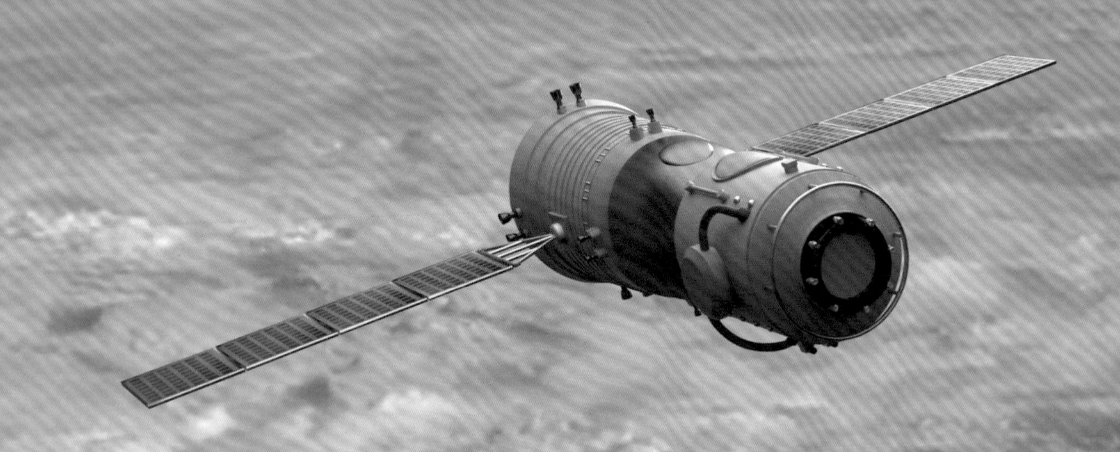

主要任务

“天宫”1号此次旅行主要有四个任务：“天宫”1号与“神舟”8号配合完成空间交会对接飞行试验；确保航天员在驻留期间的生活和工作能够安全进行；开展空间应用、空间科学实验、航天医学实验和空间站技术实验；建立短期载人、长期无人独立运行的空间实验站，为以后建造空间站积累经验。

超期服役

“天宫”1号在2013年9月圆满完成了它的所有任务。即使太空环境具有真空、低温、高辐射等特点，但“天宫”1号一直运行良好。因此“天宫”1号转入拓展任务飞行阶段，在拓展飞行的一年时光中，它进行了太阳电池翼发电能力测试、备份姿态测量和控制模式切换、4b发动机变轨等试验，“天宫”1号已经严重超期服役，但它的所有设备运行正常，状态良好。

成功对接

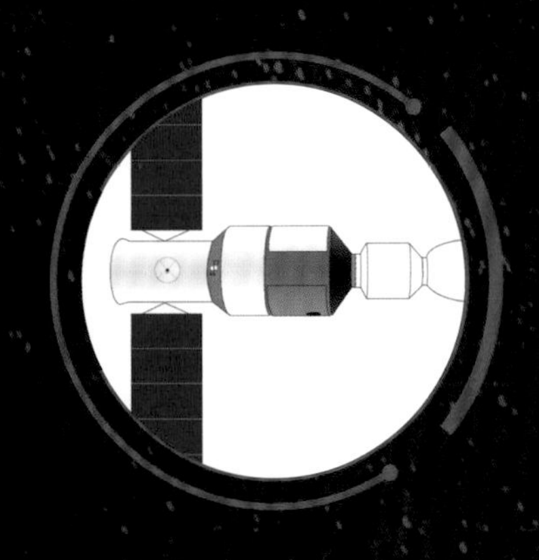

2011年11月，“神舟”8号飞船与“天宫”1号空间站对接成功，中国也成了世界上第三个自主掌握空间交会对接技术的国家。2012年6月18日，“神舟”9号飞船与“天宫”1号成功对接，中国航天员首次进入在轨飞行器。2013年6月13日，“神舟”10号飞船与“天宫”1号顺利完成对接任务，“神舟”10号飞船返回后，“天宫”1号的使命完成。

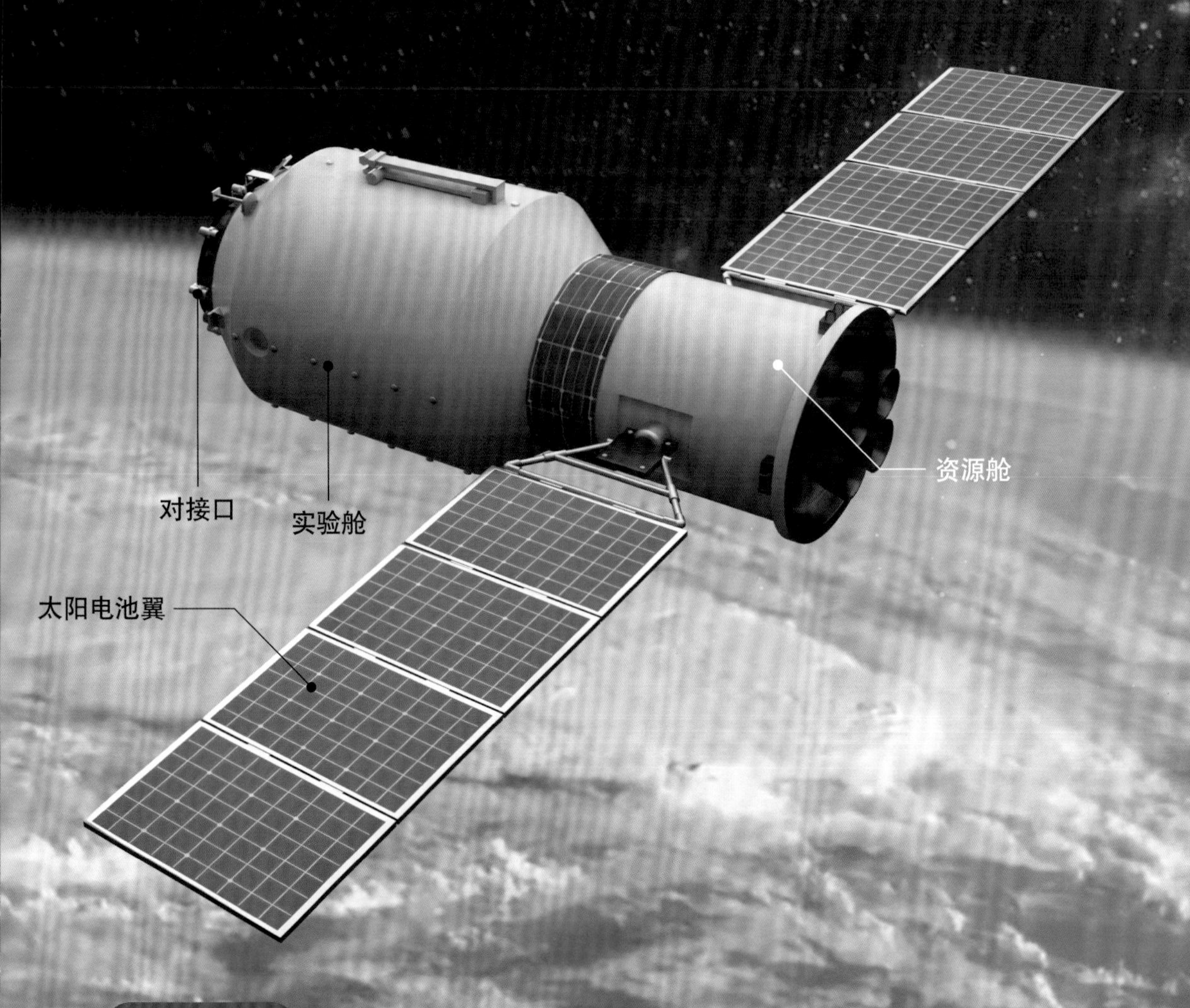

背景展望

1992年9月21日，中国载人航天工程（又叫921工程）开始，计划确立了载人航天“三步走”的发展战略。经过多年不断地探索和努力，顺利完成第一步。从2005年起，“神舟”6号飞船和“神舟”7号飞船的发射标志着“三步走”战略第二步拉开序幕，现已完成大半部分，随后将进行空间交会对接，建立空间实验室。

“神舟”5号飞船

“神舟”5号飞船是中国第一艘载人航天飞船，是中国“神舟”系列飞船中的第五艘。于2003年10月15日9时在酒泉卫星发射中心成功发射。“神舟”5号飞船的成功发射标志着中国成为继苏联和美国之后的第三个独立掌握载人航天技术的国家。航天员杨利伟将一面五星红旗送入太空，这是我国在航天事业上具有里程碑意义的一刻。飞船由轨道舱、返回舱、推进舱和附加段组成，总重7840千克，以平均每90分钟绕地球1圈的速度飞行，飞船环绕地球14圈后在预定地区着陆。中国在航天事业上迈出了重要的一步，今后还将不断地努力，建立更加完整的航天体系。

中国航天第一人

杨利伟乘坐“神舟”5号飞船进入太空，成为中国第一位进入太空的航天员。2003年11月7日在中国首次载人航天飞行庆祝大会上，杨利伟获得“航天英雄”的称号，并向他颁发了“航天功勋奖章”，以表彰他为中国航天事业做出的贡献。

飞船使命

“神舟”5号飞船的任务：完成首次载人飞行试验；在飞行期间为航天员提供必要的工作条件；确保航天员和回收物品在完成任务后安全返回地球；确保在发生重大故障后航天员能够通过其他系统的支持，人工控制安全返回地面；飞船的留轨舱进行空间应用实验。

航天育种试验

从 1978 年开始到 2001 年初，中国共进行了 10 次植物种子的搭载试验，并且取得了成功，试验物种有谷物、棉花、油料、蔬菜、瓜果等主要作物品种。种子上太空中旅行一圈然后返回地面，经过种植优选，粮食即可实现增产，这项试验为农业经济带来了重大突破。

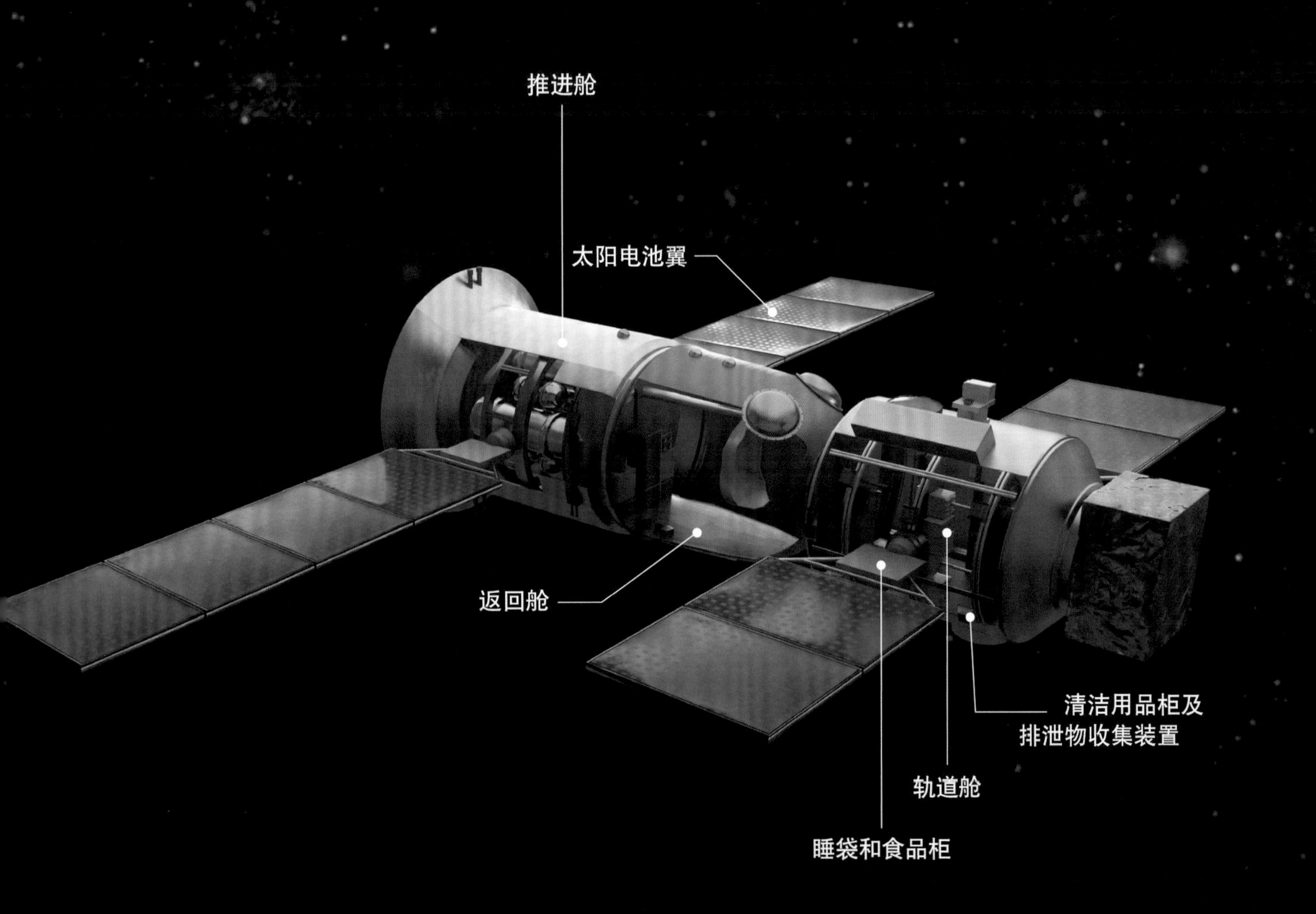

航天员与航天服

太空的环境极端恶劣，那里不仅没有人类所必需的氧气，而且温度极低，是人体所不能承受的，因此人们为了进入太空探索而研制出了航天服。航天员必须穿着航天服进入太空，不然必是死路一条。航天服是一套生命保障系统，在航天服里能够保证人体所需的氧气、温度以及大气压，航天员穿着航天服才能在太空中维持正常的生命活动，才能有效地完成太空探索。航天服是由飞行员密闭服的基础上发展而来的多功能服装，初期的航天服只能使航天员在船舱中使用，后期才研制出可以出舱的航天服。

航天服的历史

1961年第一代航天服在美国诞生。美国最早的载人航天飞船计划所用的航天服是由当时美国海军飞行员所穿的MK-4型压力服改进而来。60年代实施“双子座”计划时美国又改进出了第二代航天服，到了阿波罗计划的时候已经是第三代航天服了。

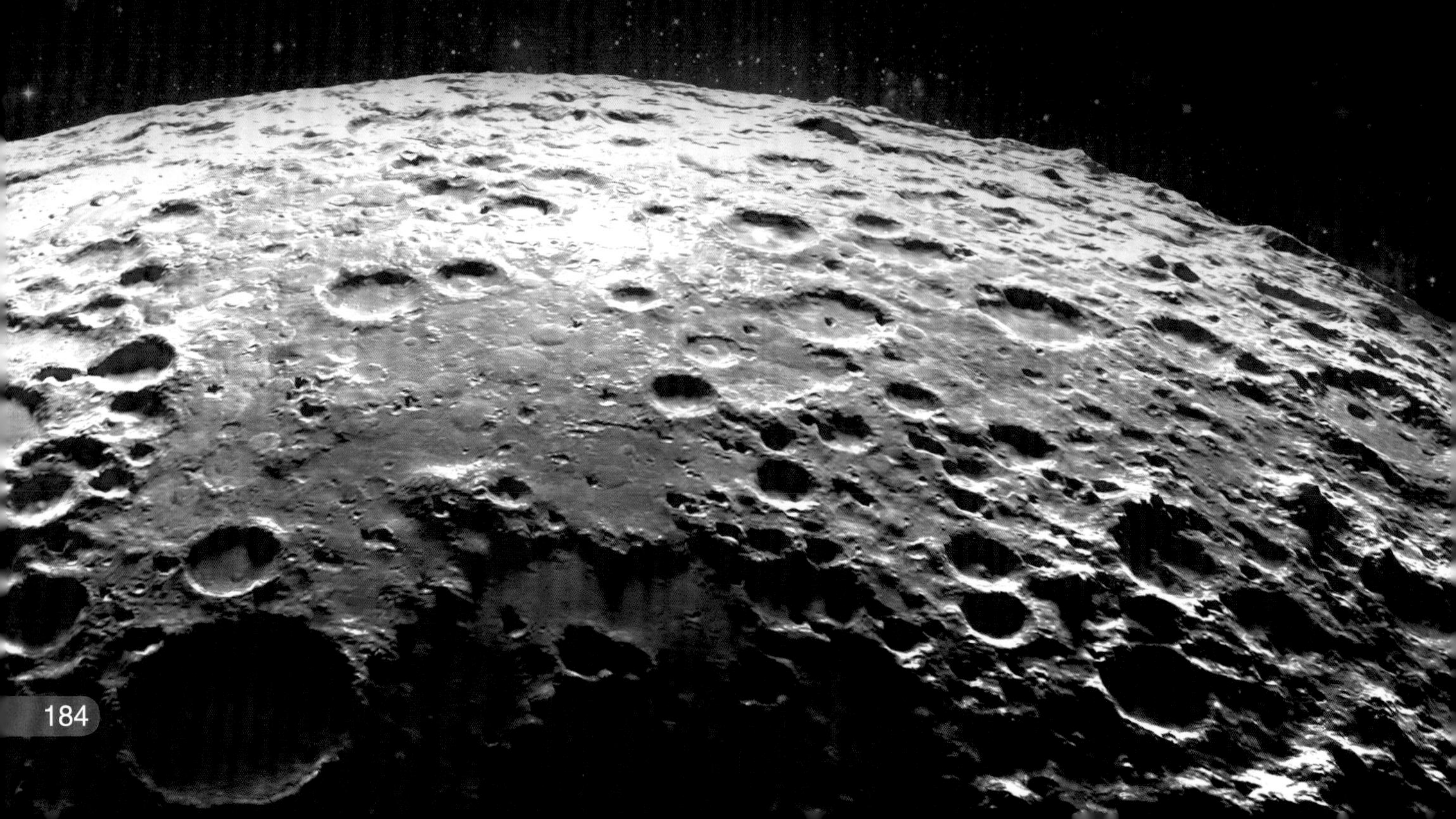

神奇的航天服

航天服里是一个密闭的内循环空间，由密闭的头盔和密闭服组成。头盔可以阻挡紫外线和强烈的辐射，也可以提供氧气和压力。密闭服中间夹有多层铝箔，可以有效隔热、防止宇宙射线、防止流星的撞击。航天服中还配有无线电通信设备，以及配有航天员的摄食和排泄设施。

那些你想不到的设计

因为温差的原因，在航天服的头盔上很有可能会起雾，所以在头盔里需要涂上一层防雾霜。

穿上了航天服行动有所不便，视野也变小了，在袖子的手腕处安装了反光镜，可以方便航天员进行观察。

航天头盔

航天员在航天飞行中所戴的头盔，不仅能隔音、隔热和防碰撞，而且具有减震、重量轻的性能。

“神舟”11号飞船

“神舟”11号飞行任务是中国第六次载人飞行任务。2016年10月17日7时30分，“神舟”11号载人飞船通过“长征2号FY11”运载火箭在酒泉卫星发射中心成功发射进入太空。“神舟”11号飞船进入轨道之后，在10月19日凌晨，与“天宫”2号空间站自动交会对接成功，形成组合体，航天员景海鹏、陈冬进驻“天宫”2号空间站。在这期间航天员要按照要求展开有关科学试验。11月17日12时41分，“神舟”11号飞船与“天宫”2号空间站成功分离，航天员踏上了返回之旅。11月18日下午，飞船顺利着陆，“天宫”2号空间站继续它的独立运行模式。这是一次持续时间最长的中国载人飞行任务，时间长达33天。

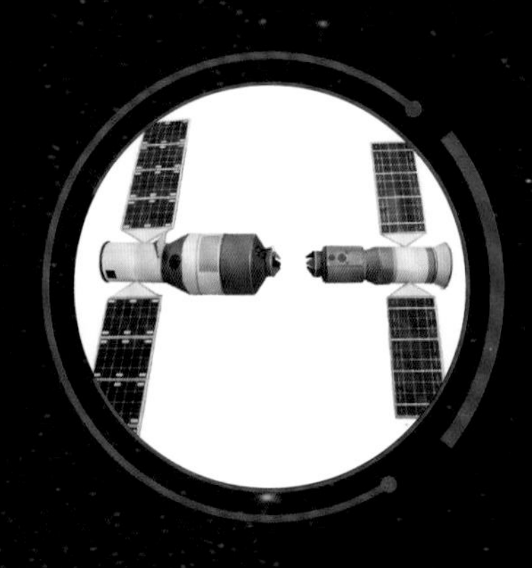

与“天宫”2号空间站交会对接

2016年10月19日凌晨，“神舟”11号与“天宫”2号空间站自动交会对接。想要对接成功首先需要两个飞行器在彼此距离相隔上万公里的太空能互相找到，然后慢慢接近，保证两个航天器在同一时间到达轨道上同一个位置。“神舟”11号飞船经过2天的飞行，最终与“天宫”2号空间站相遇，然后不断确认位置、调整姿态和速度，最终严丝合缝地对接到一起。

飞船任务

“神舟”11号飞船主要有三个任务：第一，要为“天宫”2号空间站在轨运营提供人员和物资，考核空间站的交会对接和载人飞船的返回技术；第二，完成与“天宫”2号空间站交会对接，考核航天员驻留时的生活、工作和健康保障能力；第三，开展有人参与的航天医学、空间科学、在轨维修试验等。

更加人性化

这次飞行更加注重航天员的生活质量，首次建立起了天地远程医疗支持系统，通过天地协同会诊来为航天员看病；更加注重航天员的营养摄入问题，提供有近百种航天食品，膳食结构也更加科学，以满足航天员能够摄入足够的营养，并且也考虑到了个性化需求，变得更加人性化。

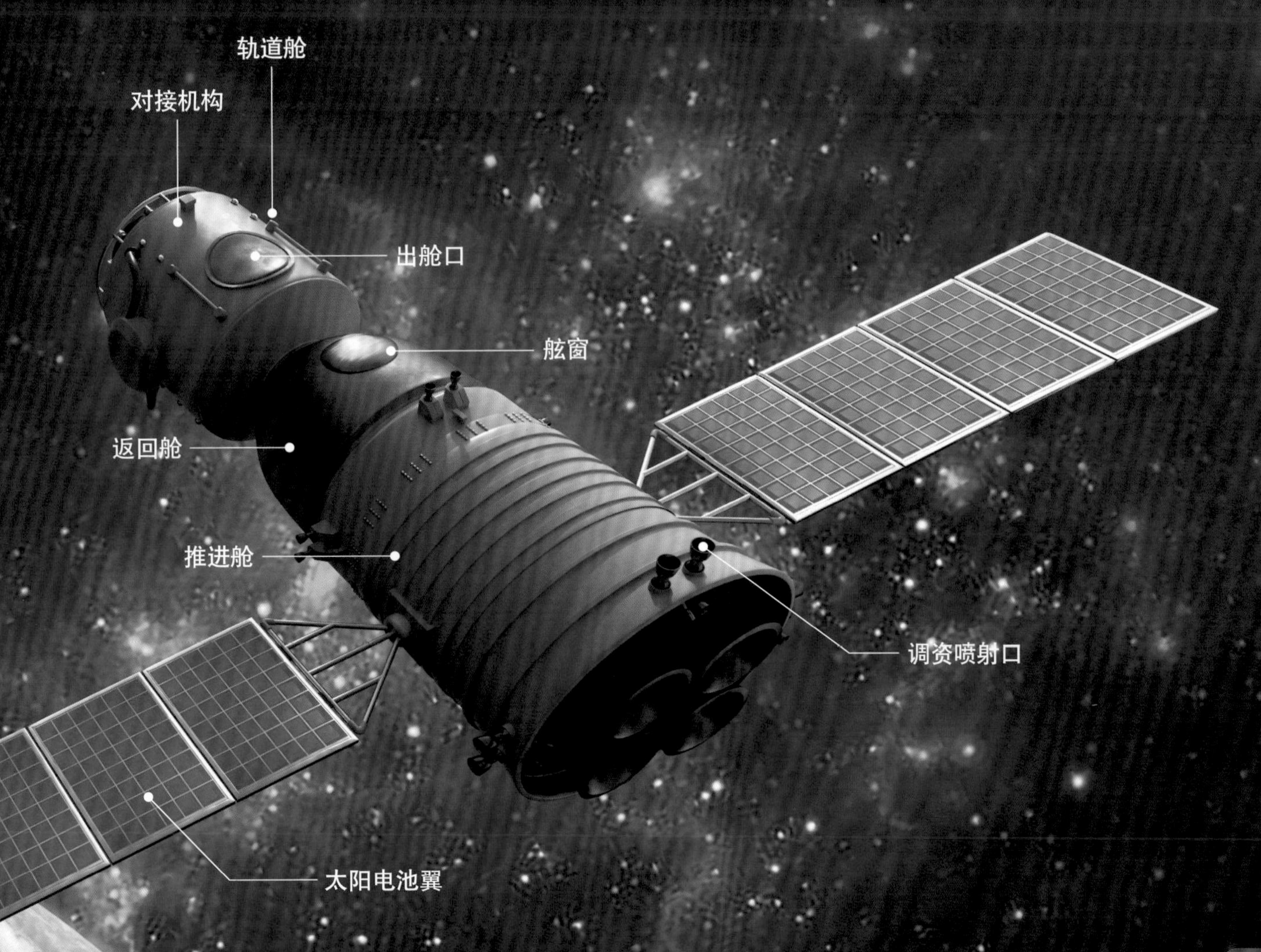

开发宇宙资源

随着人类社会的进步，人类生活越来越依赖电、汽油、天然气等能源了。人口的不断增加导致人类对能源的开发利用也越来越大，地球上的可用资源也越来越少。未来地球还能够支撑多久？人类终有一天会面临资源短缺的终极问题。因此为了环保，人们已经开发利用地球上的一些可再生能源，例如：风能、地热能、潮汐能等。在浩瀚的宇宙中隐藏着更巨大的资源等着我们开发利用，因此人们又将目光转向了未知的宇宙世界，如果利用得当就会造福人类。

太阳能

说到宇宙资源，我们现在运用最多、最熟悉的就是太阳能了。我们发射升空的所有航天器都会装上太阳能电池板，都需要太阳能为航天器提供动能。在地球上我们通常用太阳能发电或者为热水器提供能源。

矿产资源

我们通过从宇宙中得到的样本中发现，宇宙中的矿产资源非常丰富。从月球上带回来的土壤样本分析得到，月球表面含有丰富的铁，非常便于开采和冶炼。而且月球土壤中含有丰富的氦-3，利用氘和氦-3进行的氦聚变可以作为核电站能源，这种聚变不会产生中子，安全无污染且容易控制，非常适合地面核电站利用。

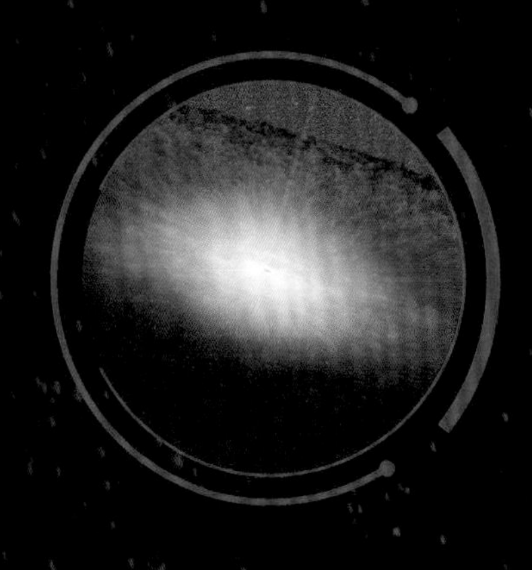

暗能量

暗能量是宇宙中微妙的存在，暗能量的特点是具有负压，它几乎均匀分布于宇宙空间中。宇宙的运动都是旋涡形的，所以暗能量总是以一种旋涡运动的形式出现。 曾有科学家认为，黑洞能量也属于暗能量的一种。由于暗能量的神秘性，我们还没有完全研究清楚，所以现在还无法实现对暗能量的利用。

宇宙中的辐射能

宇宙中存在很多的辐射能。其中，我们利用最多的辐射能当属太阳能。

宇宙环境资源

所谓宇宙环境资源指的是在宇宙中存在的，但是地球上是不存在的而且无法模仿出来的资源，宇宙中的微波、失重、辐射等可以产生一些地球上不能发生的现象，产生一些无法想象的物质。

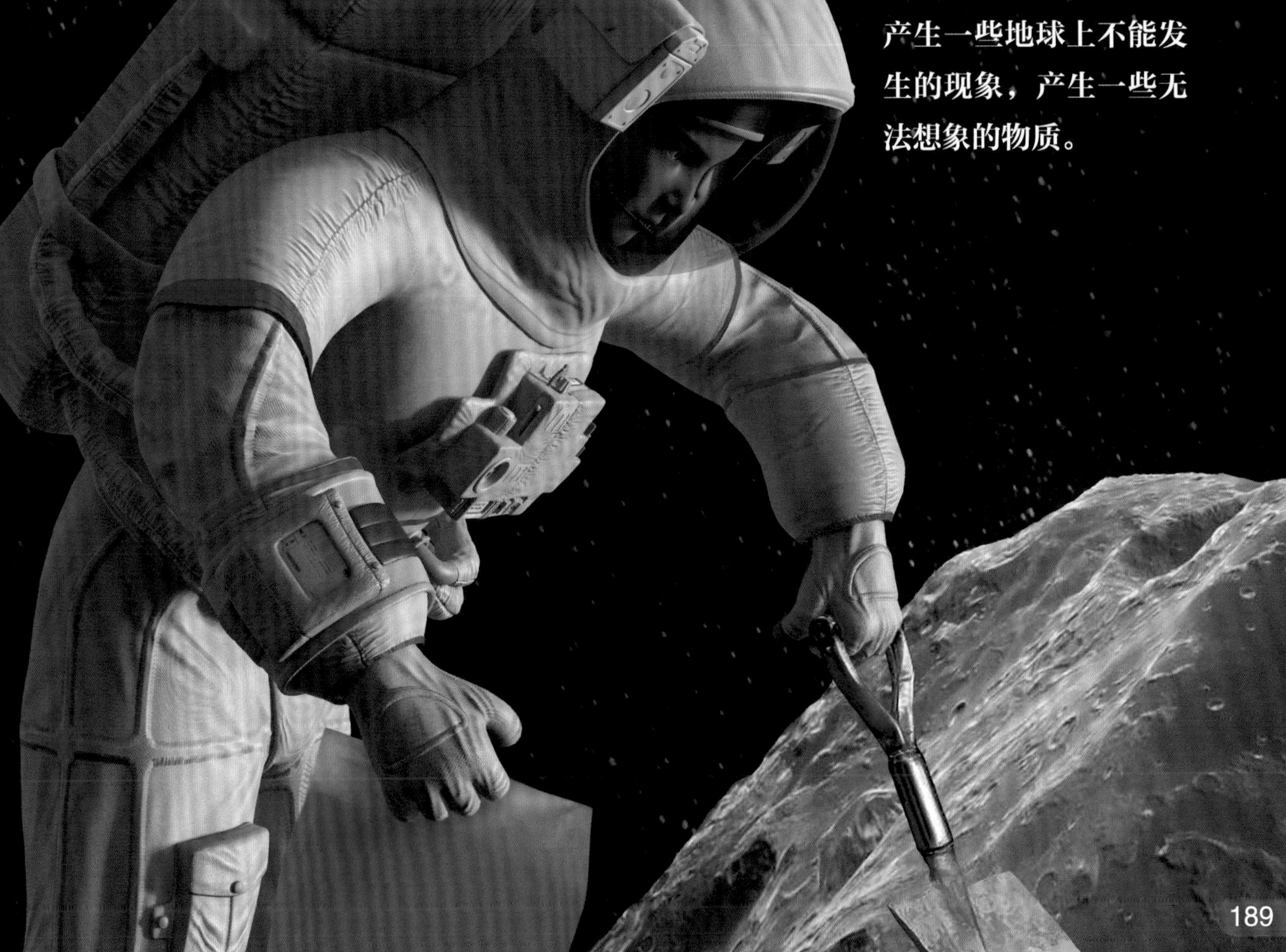

“嫦娥”3号探测器

2013年12月2日“嫦娥”3号探测器在中国西昌卫星发射中心升空。它搭乘的是“长征”3号乙运载火箭，在12月14日成功着陆于月球雨海西北部，15日完成着陆器、巡视器分离。这次登月的主要任务包括“寻天、观地、测月”的科学探测和其他预定任务。“嫦娥”3号探测器成功完成了这次的任务，并且我们通过此次登月获得了一定成果。“嫦娥”3号探测器是中国嫦娥工程二期中的一个探测器，是中国第一个月球软着陆的无人登月探测器。

探测任务

此次探测的工程目标是突破月面软着陆、月面巡视勘察、深空测控通信与遥操作、深空探测运载火箭发射等关键技术；研制月面软着陆探测器和巡视探测器，建立地面深空站；建立月球探测航天工程基本体系，形成重大项目实施的科学有效的工程方法，此次登月的科学任务是调查月表形貌与地质构造；调查月表物质成分和可利用资源；地球等离子体层探测和月基光学天文观测。

五大系统是什么

探测器系统、运载火箭系统、发射场系统、测控系统，以及地面应用系统是此次嫦娥工程的五大系统。其中探测器系统由中国航天科技集团公司负责，“嫦娥”3号探测器就是他们研制的。“嫦娥”3号探测器由着陆器和月球车两部分组成。

减速着陆方法

由于月球表面是没有大气层的，因此“嫦娥”3号探测器无法利用气动减速的方法着陆，这就需要“嫦娥”3号探测器靠自身推进系统减小约每秒1.7千米的速度，并不断调整姿态，不断减速以便在预定区域安全着陆。“变推力推进系统”的设计方案是经过反复论证后才提出的，从而破解了着陆减速的难题。

“嫦娥”3 号探测器的成果

人们一直好奇月球中是否存在水，在这次任务中我们终于得到了准确的答案：没有。“嫦娥”3 号探测器的另一个重要任务，就是观察我们的家乡——地球。在着陆器上安装了极紫外相机，它是人类第一次在月球上对地球周围四万千米的等离子体层进行观测。

图书在版编目（CIP）数据

宇宙大百科 / 赵冬瑶，韩雨江，李宏蕾主编.
长春 ：吉林科学技术出版社，2024. 8. -- ISBN 978-7
-5744-1452-5

Ⅰ. P159-49

中国国家版本馆CIP数据核字第2024U5R228号

宇宙大百科

YUZHOU DA BAIKE

主　　编　赵冬瑶　韩雨江　李宏蕾
出 版 人　宛　霞
策划编辑　朱　萌
责任编辑　丁　硕
封面设计　长春美印图文设计有限公司
制　　版　长春美印图文设计有限公司
幅面尺寸　210㎜×285㎜
开　　本　16
印　　张　12
字　　数　200千字
印　　数　1～6 000册
版　　次　2024年8月第1版
印　　次　2024年8月第1次印刷

出　　版　吉林科学技术出版社
发　　行　吉林科学技术出版社
地　　址　长春市福祉大路5788号出版大厦A座
邮　　编　130118
发行部电话/传真　0431-81629529　81629530　81629531
　　　　　　　　　81629532　81629533　81629534
储运部电话　0431-86059116
编辑部电话　0431-81629518
印　　刷　吉林省吉广国际广告股份有限公司

书　　号　ISBN 978-7-5744-1452-5
定　　价　49.90元